MANUEL

DES

PETITES ARMES

ET EXERCICES DIVERS

Paris. — Imprimerie J. Dumaine, rue Christine, 2.

MINISTÈRE DE LA MARINE ET DES COLONIES.

MANUEL

DES

PETITES ARMES

ET EXERCICES DIVERS

POMPE A INCENDIE.
SCAPHANDRE.
REVOLVER.
TAMBOURS ET CLAIRONS.

PARIS
LIBRAIRIE MILITAIRE DE J. DUMAINE
LIBRAIRE-ÉDITEUR
Rue et Passage Dauphine, 30.

1877

MANUEL

DES

PETITES ARMES

ET EXERCICES DIVERS

Paris. — Imprimerie J. Dumaine, rue Christine, 2.

MINISTÈRE DE LA MARINE ET DES COLONIES.

MANUEL

DES

PETITES ARMES

ET EXERCICES DIVERS

EXERCICE

DE LA POMPE A INCENDIE

PARIS
LIBRAIRIE MILITAIRE DE J. DUMAINE
LIBRAIRE-ÉDITEUR
Rue et Passage Dauphine, 30

1876

EXERCICE

DE LA

POMPE A INCENDIE

Nomenclature succincte.

Une pompe aspirante et foulante à deux corps de pompe.
Deux bringueballes.
Deux bâtons de pompe.
Une manche aspirante et sa crépine de 10 mètres.
Cinq manches de 10 mètres chacune.
Une lance.
Une clef pour réunir les manches et dévisser le presse-étoupe.
Un chariot à deux roues.
Deux bricoles pour crocher aux extrémités de l'essieu.
40 seaux en toile contenus dans deux sacs.
Une baille.
Un fanal.

Armement d'une pompe.

Le service de la pompe exige onze hommes :

1 Chef de pompe,
2 Servants pour surveiller les manches,
8 Servants pour pomper.

Une relève de 8 hommes suit la pompe en cas d'incendie à terre.

Les servants sont divisés en servants de droite et servants de gauche, et portent les numéros depuis 1 jusqu'à 5.

Les 1ers servants sont chargés du chariot et de son matériel.

Les 2mes et 3mes servants, des manches, de la lance et de la crépine.

Les 4mes, des seaux et de la baille.

Les 5mes, des bringueballes, des bâtons, des clefs et du fanal.

Exercice à terre.

La pompe est supposée à terre, et chacun des servants s'est assuré de la présence du matériel dont il est chargé.

1er Commandement.

Chargez la pompe.

1er Temps. — Les 1ers servants se portent à la flèche du chariot et le dirigent sur l'avant de la pompe.

Les 2mes servants se portent aux roues.

Les 3mes, 4mes et 5mes servants soulagent la pompe.

2e Temps. — Les 1ers servants relèvent la flèche et engagent le chariot sous la pompe, et au commandement : *Enlevez*, du chef de pompe, les 1ers servants abaissent la flèche, les 2mes empêchent le chariot de marcher en avant en contretenant sur les roues, les 3mes, 4mes et 5mes soulagent l'arrière de la pompe et la poussent sur le chariot. Ceci fait, chacun des servants met sur le chariot le matériel dont il est chargé.

2me Commandement.

En avant, marche !

A ce commandement, les 1ers servants restent à la flèche, les 2mes servants crochent leur bricole aux extrémités de l'essieu ; les autres servants restent à l'arrière et sur les côtés du chariot, ils poussent le chariot et veillent à ce que rien ne se dérange pendant la marche.

Quand la pompe est rendue sur le lieu de l'incendie, le chef de pompe commande *halte !*

3me Commandement.

Déchargez la pompe.

Les servants mettent à terre le matériel dont ils sont chargés.

Les 1ers servants soulèvent la flèche, les 2mes contretiennent sur les roues, les autres servants saisissent la pompe et l'accompagnent sur le terrain.

Les 1ers servants vont ensuite placer le chariot à l'endroit indiqué par le chef de pompe.

4me Commandement.

Disposez la pompe.

Le chef de pompe prend la lance, la visse sur la manche refoulante. — Les 1ers, 2mes et 3mes servants de droite développent les manches refoulantes et les réunissent les unes aux autres, pendant que les servants correspondants de gauche disposent la manche aspirante, la crépine et le réservoir à eau.

Les 4mes servants distribuent les seaux au chef de corvée chargé des chaînes.

Les 5mes servants mettent en place les bringueballes, les bâtons de pompe et amorcent la pompe.

Observations. — Pour amorcer la pompe, il faut soulever le presse-étoupe, verser dans les corps de pompe un seau d'eau et remettre en place le presse-étoupe.

Tout ceci disposé, les 1ers servants restent à surveiller, celui de droite, les manches refoulantes, celui de gauche, la manche aspirante et la crépine. Tous les autres servants viennent se ranger sur les bâtons de pompe parés à pomper.

5me COMMANDEMENT.

Pompez !

A ce commandement du chef de pompe, répété par le 1er de droite, le 2e servant de droite étrangle la manche refoulante près de la pompe, le chef de pompe bouche avec le pouce l'orifice de la lance, et les servants rangés sur les bringueballes pompent le plus vite possible et à petits coups.

Lorsque la pompe est prise, le 2me servant de droite reprend son poste, et le chef de pompe, lorsqu'il voit les manches remplies, débouche l'orifice et dirige le jet. Les servants pompent alors jusqu'au commandement du chef de pompe : *Tiens bon la pompe !*

6me COMMANDEMENT.

Ramassez les ustensiles, chargez la pompe !

Les 1ers, 2mes, 3mes servants ramassent les manches aspirantes et foulantes, les 4mes servants ramassent les seaux. Les 5mes servants enlèvent les bâtons, les bringueballes et disposent la pompe. La pompe est alors chargée sur son chariot, comme au premier commandement, et ramenée au canot, comme au second commandement.

Exercice à bord.

Dans l'exercice à bord, les 1ers, 2mes et 3mes commandements sont supprimés. Le 6me commandement se réduit à : *Ramassez les ustensiles !*

Postes des servants pour traîner la pompe.

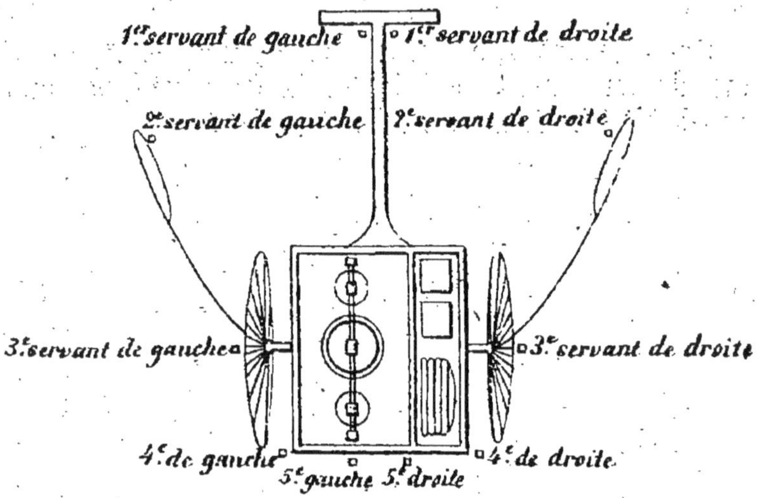

Postes des servants pour pomper.

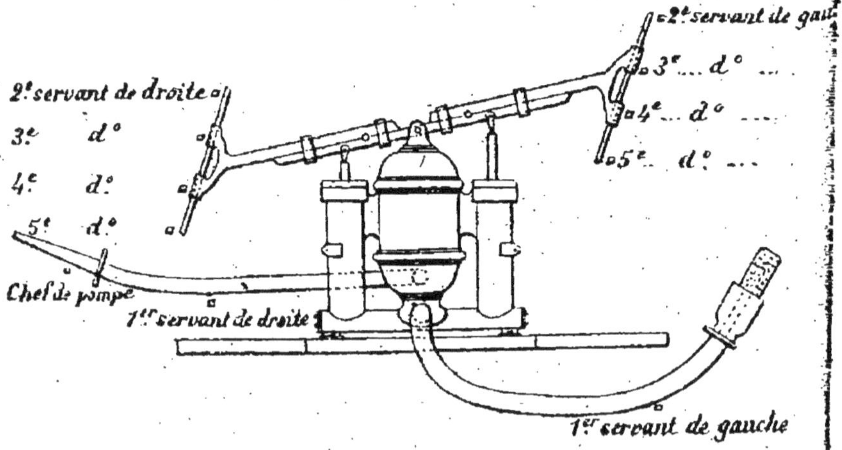

Paris.—Imp. J. Dumaine, rue Christine, 2.

MANUEL
DES
PETITES ARMES
ET EXERCICES DIVERS

Paris. — Imprimerie J. Dumaine, rue Christine, 2.

MINISTÈRE DE LA MARINE ET DES COLONIES.

MANUEL

DES

PETITES ARMES

ET EXERCICES DIVERS

MANUEL

DU SCAPHANDRIER

PARIS

LIBRAIRIE MILITAIRE DE J. DUMAINE,

LIBRAIRE-ÉDITEUR

Rue et Passage Dauphine, 30

1876

[illegible]

TABLE DES MATIÈRES

SCAPHANDRE CABIROL.

CHAPITRE Ier.

CHAPITRE II.

CHAPITRE III.

SCAPHANDRE ROUQUAYROL-DENAYROUZE.

CHAPITRE Ier.

CHAPITRE II.

CHAPITRE III.

SCAPHANDRE ROUQUAYROL-DENAYROUZE

MODIFIÉ.

Modifications de la Table précédente.

CHAPITRE Ier.

CHAPITRE II.

DES APPAREILS PLONGEURS

On appelle scaphandre un appareil permettant, grâce à un refoulement continu d'air atmosphérique, de séjourner sous l'eau et d'y travailler.

L'emploi d'un scaphandre peut être surtout utile dans les cas suivants :

Reconnaître les voies d'eau et les réparer.

Tamponner un tuyau de prise d'eau dont le robinet intérieur est avarié.

Visiter l'hélice, et dégager les chaînes, cordages, herbes qui peuvent s'être enroulés sur son moyeu et paralysent plus ou moins son action.

Nettoyer la carène, et particulièrement les crépines extérieures des prises d'eau, quand elles sont obstruées.

Rechercher et élinguer les objets tombés à la mer, des ancres, des grappins, etc.

Pour les travaux hydrauliques.

Les appareils plongeurs employés dans la marine sont ceux de MM. Cabirol et Rouquayrol-Denayrouse.

D'une manière générale, le premier consiste dans l'emploi d'un vêtement imperméable et résistant, dont on enveloppe complétement le plongeur, et dans lequel, au moyen d'une pompe, on refoule continuellement de l'air à une pression qu'on s'efforce de maintenir aussi voisine que possible de celle du milieu où se trouve le plongeur; cet air sort ensuite d'une manière continue par une soupape chargée d'un ressort, dont le plongeur règle lui-même la tension.

Dans le deuxième appareil, il n'y a plus de vêtement imperméable réceptacle d'air ; il n'est employé de vêtement que lorsque la température de l'eau l'exige ou qu'il y a une station prolongée à faire sous l'eau. Ici, le plongeur porte sur son dos son réservoir d'air; cette caisse est divisée en deux compartiments, l'un recevant l'air comprimé de la pompe, l'autre communiquant avec la bouche. Un mécanisme très-simple permet d'avoir toujours de l'air à une pression variable avec les mouvements du plongeur, mais toujours égale à la pression ambiante.

Dans ces derniers temps, ce deuxième appareil a été légèrement modifié.

SCAPHANDRE CABIROL

CHAPITRE Ier.

Ire Section. — NOMENCLATURE.

- Une pompe à air.....
  - Pompe à air proprement dite.....
    - Pistons et leurs soupapes.
    - Corps de pompe et leurs soupapes.
    - Tuyau de refoulement.
  - Pompe à eau..
    - Piston et sa soupape.
    - Corps de pompe et sa soupape.
    - Prise d'eau.
  - Arbre.....
    - Ses 3 vilebrequins, son excentrique et ses volants.
  - Réservoir d'eau.
  - Manomètre et son tuyau.
  - Caisse en bois.
- Habillement..
  - Vêtement de laine.
  - Vêtement imperméable et son collier en cuir à trous.
  - Coussin rembourré.
  - Pèlerine métallique. . .
    - Broches en cuivre.
    - Brides en cuivre.
    - Ecrous à oreilles.
    - Vis à filets interrompus.
    - Boutons pour suspendre les plombs.
    - Collet sur le côté arrière.
  - Casque.....
    - 4 glaces à grillage en cuivre.
    - Tubulure d'arrivée d'air à l'AR et ses 3 orifices plats.
    - Robinet de secours.

- Habillement (*suite*).
  - Casque (*suite*).
    - Soupape à air.
      - Clapet.
      - Tige et ressort à boudin.
      - Couvercle à trous se vissant.
    - Vis à filets interrompus.
    - Collet sur la partie arrière.
    - Cheville de sûreté.
    - Bande de cuir.
    - Crochets pour les plombs.
  - Souliers à semelle en plomb.
  - Bracelets et lanières en caoutchouc.
  - Ceinture en cuir.
    - Son fourreau et son poignard.
    - Son porte-tuyau.
  - Plombs.
    - Plomb de dos.
    - Plastron en plomb.
- Accessoires.
  - Tuyaux de conduite d'air.
  - Tuyau d'aspiration de la pompe à eau.
  - Tuyau de trop plein du bassin.
  - Corde de signaux.
  - Extenseurs en cuivre.
  - Panier en osier.
  - Rechanges et objets de réparation.

IIe Section. — DESCRIPTION DÉTAILLÉE.

Pompe à air.

Pompe à air. La pompe à air est généralement enfermée dans une caisse, et se compose de quatre corps de pompe. Les trois plus grands, d'un diamètre égal, sont ceux de la pompe à air proprement dite ; le quatrième, d'un diamètre plus petit, est celui de la pompe à eau.

Pistons de la pompe à air proprement dite. Sont en cuivre, garnis de cuir, et portent à leur partie inférieure la soupape d'aspiration d'air s'ouvrant de haut en bas.

Ils sont menés par les vilebrequins d'un arbre qui

font entre eux un angle de 120°, de sorte que l'aspiration et le refoulement sont égaux et réguliers.

Corps de pompe de la pompe à air. Sont ouverts à leur partie supérieure et portent chacun à leur partie inférieure une soupape de refoulement s'ouvrant de haut en bas.

Tuyau de refoulement. Ce tuyau, situé au-dessous des trois corps de pompe, reçoit l'air envoyé par les trois pistons.

On peut indifféremment visser le tuyau de conduite d'air à l'une ou à l'autre de ses extrémités.

Il porte le tuyau du manomètre.

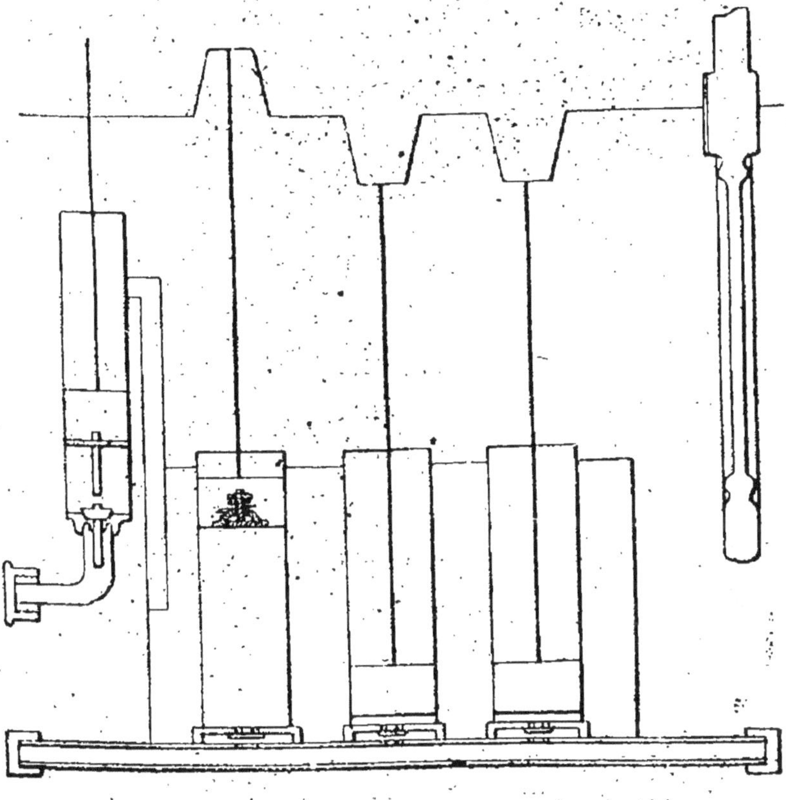

Pompe à eau. Cette pompe est aussi aspirante et foulante. Elle aspire l'eau par une prise d'eau située à la partie inférieure de son corps de pompe.

Le fond de celui-ci porte une soupape s'ouvrant de bas en haut, qui permet à l'eau d'y entrer au moment de l'aspiration. Au moment du refoulement, l'eau passe par la soupape du piston s'ouvrant de bas en haut, et va tomber dans le réservoir d'eau. Le piston de cette pompe est mené par un excentrique calé sur l'arbre des vilebrequins.

Réservoir d'eau. Entoure les trois corps de pompe à air.

L'eau, en refroidissant les corps de pompe, rafraîchit l'air qu'ils envoient.

Le trop-plein de ce réservoir s'écoule en dessus de la caisse.

Manomètre. Est fixé à l'extérieur de la caisse. Il communique avec le tuyau de refoulement par un tuyau et est gradué en atmosphères.

Pressions.

PROFONDEURS.	PRESSIONS sur le plongeur.	PRESSIONS et indications au manomètre.
10 mètres.	2 atmosphères.	3 atmosphères.
20 id.	3 id.	4 id.
30 id.	4 id.	5 id.

L'équilibre doit toujours exister entre la pression sur le corps de l'homme et la pression dans les poumons. A l'air libre, il y a une atmosphère sur le corps et une atmosphère à l'intérieur. Une colonne d'eau de 10 mètres équivalant en poids la pression d'une atmosphère, à 10 mètres de profondeur le corps du plongeur supportera la pression atmosphérique ou une atmosphère plus une autre atmosphère équivalente à la pression des 10 mètres d'eau, en tout deux atmosphères; il faut donc lui envoyer de l'air à une pression d'au moins deux atmosphères ; on maintient une atmosphère de plus pour parer aux besoins éventuels (fuites, estimation approximative de la profondeur, etc.).

Volants. Les volants de la pompe, mus à la main, font manœuvrer les quatre corps de pompe.

Jeu de la pompe à air. Dans la course ascendante du piston, l'air extérieur pénètre dans le corps de pompe par la soupape du piston ; dans la course descendante, cet air comprimé s'échappe dans le tuyau de refoulement en ouvrant la soupape du corps de pompe.

Habillement.

Vêtement de laine.

Vêtement imperméable. En toile doublée de caoutchouc.

Les manches sont terminées par un tissu élastique et le haut du vêtement par une collerette de cuir percée de trous.

Un coussin rembourré se met entre le vêtement en caoutchouc et la pèlerine métallique. Il a la forme de la pèlerine et sert à répartir uniformément sur les épaules les poids de la pèlerine et du casque.

Pèlerine métallique. Douze broches de cuivre faisant corps avec elle, devant entrer dans les trous de la collerette du vêtement.

Douze segments ou brides de cuivre se capelant sur les broches, douze écrous à oreilles pour les broches.

Le cuir du vêtement est fortement serré par les

écrous entre la pèlerine et les segments, ce qui forme un joint hermétique.

La partie supérieure de la pèlerine porte une vis dont les filets sont interrompus dans trois sixièmes de la circonférence et sur laquelle se visse le casque.

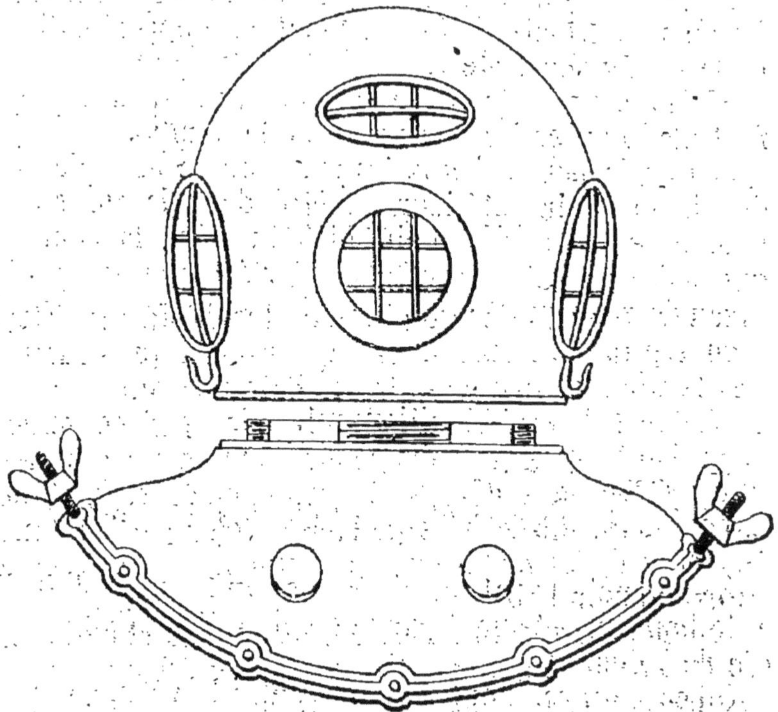

La pèlerine porte, en outre, deux boutons pour suspendre les plombs et un petit collet sur la partie arrière pour le passage de la cheville de sûreté.

Casque. Est en cuivre étamé à l'intérieur. Il porte en avant quatre glaces : trois elliptiques et fixes, et la quatrième, celle du milieu, ronde et pouvant se visser et se dévisser à volonté. Ces glaces sont protégées par des grillages en fil de cuivre.

A l'arrière du casque est une tubulure sur laquelle on visse le tuyau d'arrivée d'air : cette tubulure dé-

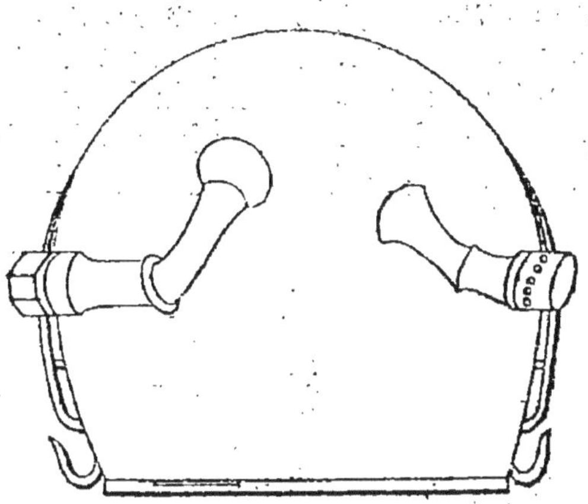

verse l'air dans le casque par trois orifices plats aboutissant aux glaces. La vapeur d'eau qui pourrait les ternir est ainsi enlevée par l'air arrivant.

Robinet de secours. Au-dessous de la glace ronde, à la hauteur de la bouche du plongeur, se trouve une espèce de soupape-robinet, appelée robinet de secours, qui lui permet de laisser échapper de l'air, si, malgré l'ouverture de la soupape à air, il en a trop dans son habit.

Soupape à air. Sur l'arrière du casque et à droite, se trouve la soupape à air, qui laisse échapper l'air expiré par le plongeur et celui en excès fourni par la pompe en s'ouvrant de dedans en dehors.

Le clapet de cette soupape est traversé par une tige. Un ressort appuie d'un côté le clapet sur son siége, et de l'autre côté prend son point d'appui sur le couvercle de la soupape, percé de trous pour laisser échapper l'air.

Ce couvercle se visse lui-même sur la tubulure extérieure de l'ensemble de la soupape, et permet, dans une certaine limite, selon qu'on le visse plus ou moins, au clapet de la soupape à air de laisser échapper plus ou moins d'air.

La partie inférieure est à vis à filets interrompus, et le casque se visse sur la pèlerine au moyen d'un tiers de tour seulement. Elle porte un petit collet correspondant au collet de la pèlerine, et à travers ceux-ci passe une cheville en cuivre, dite cheville de sûreté, qui empêche le casque de se dévisser.

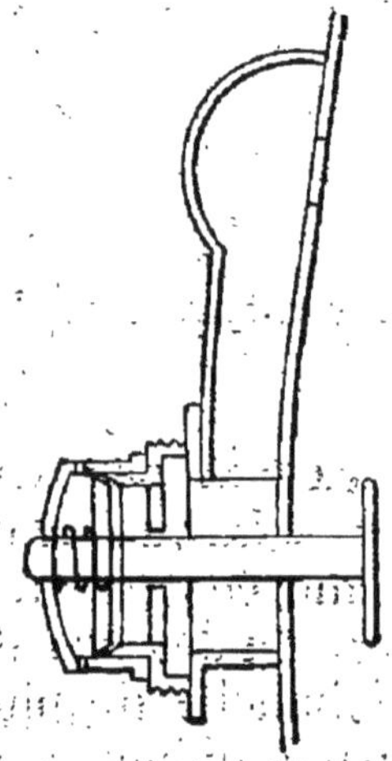

Une bande de cuir interposée entre la pèlerine et le casque ferme hermétiquement tout passage à l'air.

Le casque porte, sur le côté, des crochets pour les plombs, et, sur le devant, des pitons sur lesquels on attache la glace quand elle est dévissée.

Souliers. En cuir, garnis d'une semelle en plomb, pour maintenir le plongeur au fond de l'eau.

Bracelets et lanières en caoutchouc. Se mettent par-dessus les manchettes, en interposant quelquefois du linge pour achever le joint hermétique aux poignets.

Ceinture. Le plongeur porte une ceinture munie d'un fourreau et d'un poignard et sur le côté gauche d'un anneau en cuivre ou porte-tuyau, par lequel passe, de l'A V à l'A R, le tuyau d'arrivée d'air venant de la pompe, avant d'aller se fixer au casque.

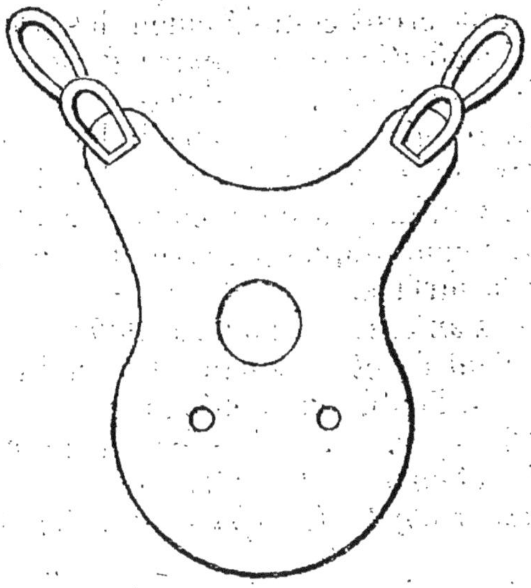

Plombs. Pour maintenir le plongeur au fond de l'eau, on fixe des poids en plomb sur son dos et sa poitrine. Ces poids sont suspendus aux crochets du casque et liés à la ceinture.

Accessoires.

Tuyaux de conduite d'air. En toile rendue imperméable avec du caoutchouc. Un fil de fer étamé et roulé en hélice dans l'intérieur de ces tubes les empêche de se couder.

Une forte toile cousue à l'extérieur les préserve des accrocs et ragages.

La plupart des tuyaux en service sont encore coupés par morceaux de 10 mètres, réunis par des raccords en cuivre ; mais l'expérience a fait préférer des tuyaux coupés de 5 mètres en 5 mètres.

L'augmentation du nombre des raccords rend les

tuyaux plus fondriers et plus maniables, ce qui diminue la résistance éprouvée par le plongeur dans ses mouvements.

Il est probable que, d'ici à peu de temps, ces tuyaux remplaceront complétement les premiers.

Tuyau d'aspiration de la pompe à eau. — Tuyau du trop-plein du bassin. Ces deux tuyaux sont semblables aux premiers ; leur nom dit leur emploi.

Corde des signaux. Corde maniable faisant dormant sur la ceinture du plongeur et venant à la surface; sert à communiquer avec le plongeur et à le ramener à la surface.

Extenseurs en cuivre ou ouvre-manchettes. Servent à faciliter l'entrée et la sortie des mains dans les manchettes de l'habit en caoutchouc.

Panier en osier. Sert à renfermer le casque, les tuyaux, les vêtements, etc., etc.

Rechanges et objets de réparation. Ces rechanges sont :

Vêtements de laine et de caoutchouc, verres de casque, écrous à oreilles, tuyaux, raccords mâles et femelles, ressorts de soupape du casque, caoutchouc liquide, toile en coton préparée pour réparations, feuille en caoutchouc laminée.

CHAPITRE II.

Ire Section. — PRATIQUE DE L'EXERCICE.

1° Visiter le matériel et monter l'appareil.

Pompe à air. Quand la pompe à air n'est pas en service, elle est démontée; avoir soin en la remontant de bien essuyer les corps de pompe. S'assurer que les soupapes fonctionnent bien. Retirer les pistons, les graisser et les resserrer. Verser un peu d'eau au-dessus des pistons. Visser les tuyaux de conduite d'air, d'aspiration d'eau et de trop-plein du bassin. Monter les volants.

Habillement.

Habillement. S'assurer que le vêtement imperméable n'est pas déchiré ; que la collerette de cuir et les manchettes sont en bon état. — Voir que la pèlerine métallique n'ait pas de broche cassée ; que les filets de sa vis soient en bon état. — Disposer tous les segments et écrous à oreilles.

Casque. Voir si le robinet de secours et la soupape à air fonctionnent bien.— S'assurer que les pas de vis sont en bon état et que la bande de cuir interposée entre la pèlerine et le casque est bien grasse.

Accessoires.

Tuyaux de conduite d'air. Doivent avoir comme longueur environ 1/3 de plus que la distance qui sépare la pompe de l'endroit où le plongeur doit parvenir.

Faire marcher la pompe en bouchant l'extrémité du tuyau, s'assurer qu'il n'y a pas de fuites ; puis ouvrir tout d'un coup, afin que l'air, en s'échappant, entraîne avec lui la poussière et tous les corps qui pourraient se trouver dans le tuyau.

Lover le tuyau en serpentin, afin d'éviter les nœuds.

2° Installations préliminaires.

Pour la pompe. — Pour la facilité de l'opération, on emploie ordinairement une embarcation pour la pompe; si le plongeur n'avait pas à se déplacer horizontalement ou si l'état de la mer empêchait la manœuvre de la pompe, celle-ci pourrait être laissée dans la batterie ou sur le pont.

Pour le plongeur. Cintrer le navire avec une échelle en corde à barreaux en bois semblable aux échelles de tangon et garnie de pommes de distance en distance pour écarter suffisamment les barreaux de la muraille. Si la nature du travail demande le déplacement du plongeur, l'échelle sera rendue mobile.

Le plongeur, qui emporte avec lui un barreau en fer maintenu horizontal par une patte d'oie terminée par un crochet, a ainsi à sa disposition un siége ou un marchepied mobile.

De plus, on amarre sur un des côtés de l'embarcation, en face de l'échelle de ceinture, une échelle suffisamment immergée et inclinée pour que l'homme en remontant trouve sans effort la première marche.

3° Envoyer un plongeur au travail.

Le plongeur doit :

1° Ne pas être en état d'ivresse;

2° Avoir mangé depuis 1 heure et 1/2 au moins ;

3° Ne pas être en transpiration ;

4° Etre en bonne santé ;

5° Avoir l'esprit calme.

Habiller le plongeur. Endosser l'habit.

Le plongeur, préalablement revêtu du vêtement de laine, entre dans l'habit en se servant de l'ouvre-manchettes si cela est nécessaire.

Mettre le coussin rembourré.

Mettre la pèlerine métallique. Mettre la pèlerine métallique sur ce coussin ; rabattre la collerette de cuir par-dessus en engageant chacune des broches de cette pèlerine dans la boutonnière correspondante de la collerette. Ajuster les brides en cuivre par-dessus la collerette ; enfin visser les écrous à oreilles sur chaque broche, jusqu'à ce que la jonction de la pèlerine et du vêtement empêche complétement le passage de l'eau.

Boucler la ceinture.

Attacher la corde de sûreté en la maintenant devant l'épaule droite par une petite courroie attachée sur le casque ou la pèlerine.

Mettre les souliers.

Mettre le casque. Prendre le casque, dont la glace circulaire a été préalablement dévissée, le capeler par-dessus la tête du plongeur, bien le présenter, et emboîter par un mouvement de droite à gauche les vis coupées du casque et de la pèlerine.

Mettre la cheville de sûreté.

Tuyau d'arrivée d'air. Faire passer le tuyau d'arrivée d'air dans l'anneau en cuivre fixé au côté gauche de la ceinture, et le visser au casque.

Faire marcher immédiatement la pompe pour que le plongeur reçoive bien l'air.

Mettre les bracelets et lanières.

Faire mouiller l'homme (pour que la sensation brusque du froid ne le saisisse pas).

Fixer les plombs de dos et de poitrine.

Visser la glace circulaire et fermer le robinet de secours.

4° Manœuvrer les pompes.

Pomper de façon à ce que l'aiguille du manomètre ne descende jamais au-dessous de la division qui indique le nombre de mètres de profondeur.

Recommander aux pompeurs d'aller toujours à fond de course à chaque coup de piston.

5° Travailler sous l'eau.

Signaux de convention. Le signal doit toujours être répété par l'embarcation et par le plongeur, suivant celui qui le donne.

Ne jamais changer la signification des signaux, pour éviter les erreurs.

Les signaux employés dans le travail sous un navire sont les suivants :

Un coup sur le tuyau signifie :

Remontez-moi ou je veux que vous remontiez.

A ce signal le plongeur doit être remonté ou remonter immédiatement.

Deux coups :

Donnez-moi plus d'air.

Trois coups :

C'est bien ! ou Êtes-vous bien ?

Les signaux quatre et cinq coups restent disponibles pour les mouvements des échelles ou les envois d'instruments.

On peut augmenter le nombre des signaux en combinant les signaux faits sur le tuyau d'air avec ceux faits sur la corde, mais ceux-ci servent surtout pour guider la marche du plongeur sur le fond.

1 *coup* sur la corde signifie :

C'est bien, travaillez où vous êtes.

2 *coups*, marchez en avant.

3 *coups*, marchez en arrière.

4 *coups*, marchez à votre droite.

5 *coups*, marchez à votre gauche.

Plonger à des profondeurs moyennes. Si l'on envoie plusieurs plongeurs au travail, leur faire observer que, quoique revêtus de l'appareil, ils peuvent se parler sous l'eau.

Descendre lentement.

Si le plongeur n'a pas assez d'air (respiration gênée), ou il demande plus d'air par signal, ou il ferme davantage sa soupape d'air.

Si le plongeur a trop d'air (habit gonflé, difficulté à se maintenir ou à descendre), il s'en débarrasse facilement (soupape à air, robinet de secours).

Un accident quelconque vient-il à nécessiter sa sortie immédiate de l'eau, il se fait remonter par la corde de sûreté. Si ce moyen est insuffisant, il remonte en se gonflant d'air (fermeture de la soupape à air).

Eviter d'engager le tuyau de conduite d'air. En remontant il faut s'arrêter de temps en temps pour se décomprimer régulièrement.

Plonger à de grandes profondeurs. Descendre très-lentement.

Ne pas hésiter à remonter souvent de 1 ou 2 mètres en avalant sa salive jusqu'à ce que l'équilibre se rétablisse lorsqu'on éprouve des bourdonnements.

Remonter si ces bourdonnements et maux de tête persistent quand même.

Remonter plus lentement encore qu'on ne descend à raison de 1 ou 2 mètres de profondeur par minute.

A une profondeur de 35 mètres, il faut souvent s'asseoir et lever alternativement les jambes pour que la pression de l'eau ne les engourdisse pas. Il est beaucoup plus important d'aller lentement pour remonter que pour descendre.

6° Remonter le plongeur et le déshabiller.

Remonter le plongeur. Lorsque le plongeur prévient qu'il remonte, on embraque en douceur et à mesure le tuyau de conduite d'air et la corde de sûreté, et par suite on sait toujours la profondeur à laquelle il se trouve.

Continuer à pomper régulièrement jusqu'à ce qu'on dévisse la glace circulaire, en maintenant successivement au manomètre les pressions des différentes profondeurs par lesquelles passe le plongeur.

Déshabiller le plongeur. Si le plongeur n'est pas resté longtemps sous l'eau, dévisser la glace tout de suite ; autrement, attendre un peu et continuer à pomper en ouvrant le robinet de secours pour ne pas mettre trop précipitamment le plongeur au contact de l'air extérieur.

Enlever les plombs.

Retirer les bracelets.

Dévisser le tuyau de conduite d'air.

Enlever le casque, la ceinture, les souliers.

Dévisser les écrous à oreilles.

Enlever les brides en cuivre, la pèlerine, le coussin.

Retirer l'habit, puis le vêtement en laine.

IIe Section. — ENTRETIEN DE L'APPAREIL.

Remarque générale. Le casque, la pompe et en général toutes les parties en cuivre doivent être entretenus comme toutes les parties semblables dans les autres machines.

Eviter, en ramassant l'appareil, les contacts entre objets en cuivre et objets en caoutchouc, qui noircissent toujours le cuivre.

Pompe à air. La démonter dès qu'on ne s'en sert plus, nettoyer les cylindres avec soin.

Essuyer les garnitures des pistons, bien enlever le suif pour éviter l'oxydation.

Tuyaux. — Vêtement imperméable. Lorsqu'ils ont servi, les laver à l'eau douce et les faire sécher à l'air, sans les exposer à un soleil trop ardent. Si le vêtement se déchire, ce qui arrive assez souvent, et que la déchirure soit de petites dimensions, on applique sur l'étoffe déchirée une couche de caoutchouc liquide passé à cet effet, qu'on laisse sécher pendant une heure ; on applique successivement deux autres couches, laissant chacune d'elles sécher pendant une heure. On fait la même opération sur une pièce d'étoffe imperméable, de la grandeur voulue. Après le séchage de ces parties, on applique le côté enduit de la pièce sur les déchirures, et on presse fortement le tout jusqu'à ce que l'adhérence soit complète. Cet endroit du vêtement, après la réparation telle qu'on vient de l'indiquer, est aussi solide qu'avant l'avarie.

CHAPITRE III.

Instruction des plongeurs.

Les écoles de scaphandre des ports forment les plongeurs de la flotte.

On choisit généralement comme élèves plongeurs des mécaniciens, charpentiers ou calfats présentant une forte constitution et une santé robuste.

Matériel nécessaire à l'instruction. 1° Un chaland avec une cabane.

2° Une plate-forme pouvant être coulée à volonté au-dessous du chaland.

3° Des échelles.

4° Des soufflages mobiles pouvant être appliqués sur les flancs d'un navire ou le long des quais d'un bassin pour le travail des élèves.

5° Des outils modifiés et installés au point de vue de la densité. (Exemple.) Pour travailler sous l'eau on remplace le manche en bois d'un marteau par un manche en fer, ce qui augmente le poids et diminue le volume.

PROGRESSION DE L'INSTRUCTION.

1re LEÇON.

1° *A l'air.* Faire habiller le plongeur ; lui apprendre la manœuvre de la soupape à air et du robinet de secours.

Visser la glace, apprendre à respirer dans l'habit, à manœuvrer la soupape d'air et le robinet de secours.

Répéter les signaux généraux.

2° *A 3 ou 4 mètres sous l'eau.* Entrer dans l'eau et y enfoncer la tête en se tenant sur les premières marches de l'échelle. Descendre et remonter plusieurs fois.

Descendre sur la plate-forme et y rester quelque temps.

Remonter et y redescendre plusieurs fois.

Se promener sur la plate-forme en ayant soin de ne pas enrouler la corde de signaux avec le tuyau de conduite d'air.

Faire des signaux et en recevoir.

Se baisser en avant, s'agenouiller, s'asseoir, se pencher en arrière, lever successivement les jambes, mouvoir les bras comme pour exécuter un travail, en manœuvrant, suivant le cas, la soupape d'air ou le robinet de secours.

S'habituer aux différents effets de la soupape d'air et du robinet de secours.

Demander plus ou moins d'air, pour bien se rendre compte des effets de la pompe.

2e LEÇON.

A 13 mètres environ. Répéter la 2me partie de la 1re leçon à cette profondeur.

Remonter et redescendre successivement à 4, 8, 10 et 13 mètres, en s'exerçant à revenir rapidement à la surface, sans le secours de l'échelle.

3e LEÇON.

Faire travailler sur une carène. Le navire cintré avec l'échelle en corde, donner au plongeur la tringle de suspension, le faire asseoir dessus et lui faire exécuter un travail de nettoyage ou de clouage, soit sur le navire, soit sur un soufflage.

Les leçons suivantes sont consacrées à l'exécution des divers travaux relatifs aux chaînes ainsi qu'au charpentage, au calfatage et à la machine.

SCAPHANDRE ROUQUAYROL-DENAYROUZE

CHAPITRE Ier.

Ire Section. — NOMENCLATURE.

Un ferme-bouche.

Une caisse en tôle de fer ou d'acier (réservoir d'air régulateur) à deux compartiments.

Réservoir à air comprimé.

Chambre à air
- Soupape de distribution d'air.
- Soupape d'expiration.

Une pompe à air.
- Piston.
- Soupape du piston.
- Corps de pompe.
- Chapeau.

Accessoires.
- Tuyaux de conduite d'air.
  - Tuyau d'arrivée d'air.
  - Tuyau de respiration.
- Manomètre.
- Pince-nez.
- Souliers.
- Ceinture avec poignard.

Habillement.
- Vêtement de laine.
- Habit en caoutchouc à collerette.
- Masque.
- Plombs.

IIe SECTION. — DESCRIPTION DÉTAILLÉE.

Ferme-bouche.

Le ferme-bouche termine le tuyau de respiration aboutissant à la bouche du plongeur; dans sa partie cyindrique il porte un bec métallique destiné à fixer ce tuyau. Il se compose d'une plaque de caoutchouc découpée une fois pour toutes pour chaque homme, de façon à s'introduire aussi exactement que possible entre les gencives et les lèvres; à droite et à gauche du trou central auquel aboutit le tuyau se trouvent deux appendices en caoutchouc qu'on saisit avec les dents pour empêcher tout déplacement accidentel.

Dans le mouvement d'aspiration de l'air, le ferme-bouche est appliqué fortement sur les dents, et, par suite, s'oppose à toute introduction d'eau. Dans le mouvement d'expiration, il est maintenu entre les gencives et les lèvres ainsi que par les dents qui mordent dans les appendices.

Réservoir-régulateur.

Réservoir à air comprimé. Il est maintenu sur le dos du plongeur au moyen d'une plaque en tôle et de deux bretelles en cuir.

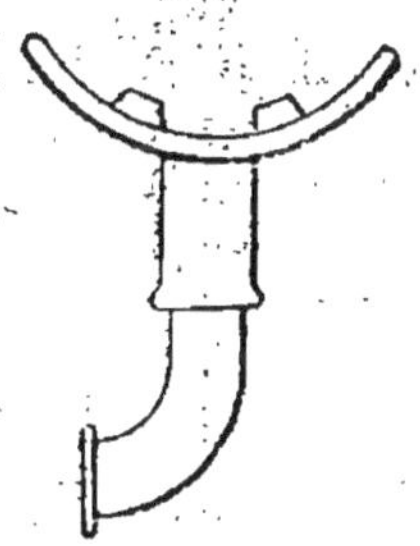

Il est construit en tôle de fer ou d'acier d'une forte épaisseur et est étamé à l'intérieur. Il est de forme cylindrique, les fonds sont légèrement bombés. Sa capacité est d'environ 8 litres.

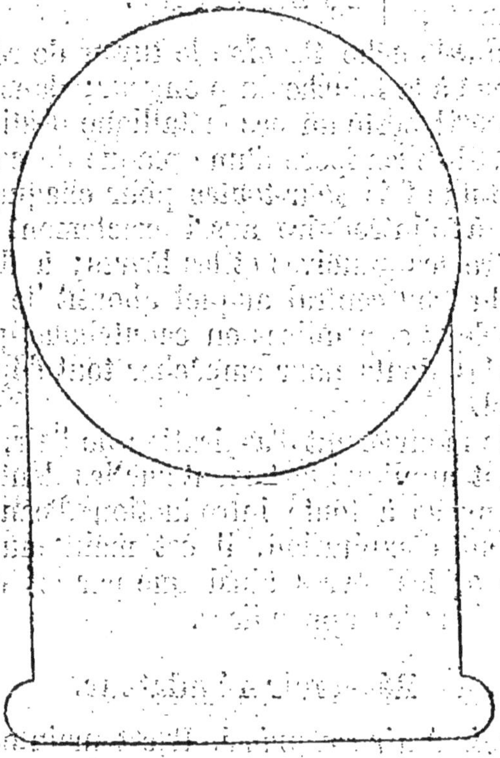

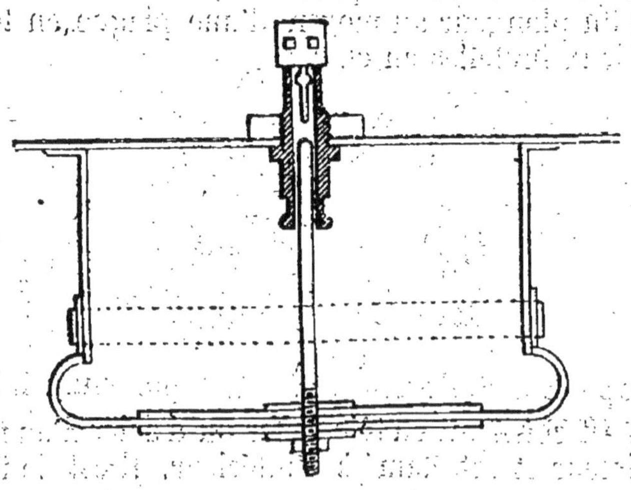

L'air arrive dans ce réservoir par un orifice auquel vient aboutir l'extrémité du tuyau de conduite d'air. Cet orifice est muni d'une *soupape de retenue* que la pression intérieure maintient fermée quand, pour une cause quelconque, l'air cesse d'arriver.

Chambre à air. Elle est faite de tôle plus légère et est aussi étamée à l'intérieur; elle est soudée sur le réservoir; une portion de la paroi cylindrique de celui-ci forme son fond.

Le dessus est fermé par une calotte en caoutchouc très-flexible dont la partie centrale est comprise entre deux plaques métalliques, d'un diamètre plus petit que celui de la chambre à air. Les bords de la calotte sont reliés aux parois de la chambre au moyen d'un cercle en métal serré par un boulon et formant une fermeture hermétique tout en permettant le mouvement vertical de cette calotte. Sur la chambre à air est soudé le bout en fer étamé sur lequel se placent le tuyau de respiration et la soupape d'expiration. Un couvercle métallique fixé à la partie supérieure protége la calotte contre tout choc extérieur.

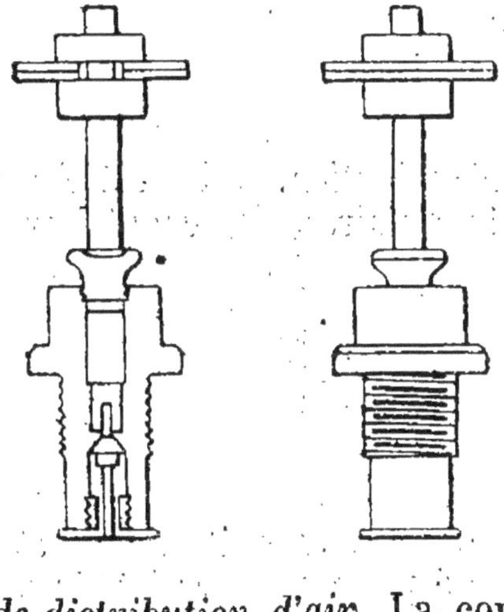

Soupape de distribution d'air. La communication entre le réservoir à air comprimé et la chambre à air a lieu par une soupape en bronze d'aluminium à clapet conique s'ouvrant de haut en bas sous l'action d'une tige qui tient aux plaques métalliques, solidaires elles-mêmes du mouvement de la calotte en caoutchouc. A la partie inférieure de la tige est un buttoir qui règle sa descente (voir la figure).

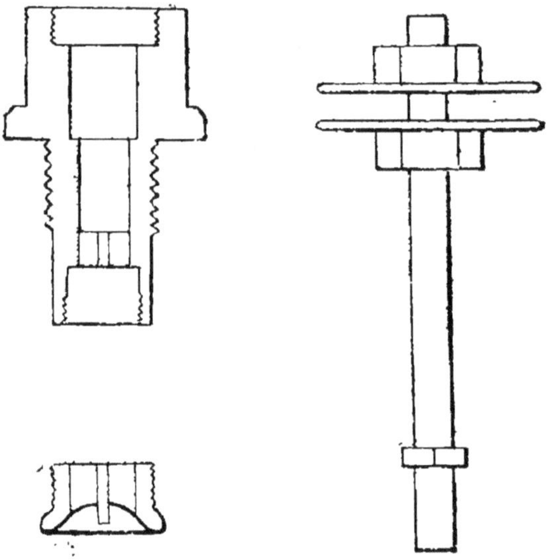

Soupape d'expiration. Elle est formée de deux feuilles rectangulaires de caoutchouc très-mince

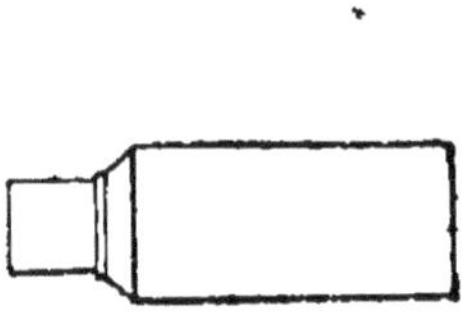

collées sur leurs bords longitudinaux et se terminant à une extrémité par un bourrelet circulaire que l'on capelle sur l'extrémité renflée de la tubulure extérieure de la chambre à air.

La pression de l'eau ou du milieu ambiant jointe au ressort du caoutchouc applique les deux feuilles fortement l'une contre l'autre.

Fonctionnement de l'appareil de respiration. Lorsque le plongeur aspire, la pression diminue dans la chambre à air, la calotte en caoutchouc cède alors sous la pression extérieure, sa tige appuie sur la soupape de distribution d'air, la fait ouvrir, et une certaine quantité d'air vient remplacer celui aspiré. Lorsque le plongeur expire, il refoule de l'air dans la chambre à air; la tension devient ainsi plus forte que la pression extérieure, calotte et tige reviennent à leur place et l'excès de pression produit la fermeture de la soupape de distribution d'air.

L'équilibre se rétablit entre la pression de l'intérieur de la chambre et celle de l'extérieur au moyen de la soupape d'expiration.

Pompe.

Piston. Sa tige est terminée par un anneau qui le fixe sur la plaque de fondation.

Soupape du piston. Au centre du piston est un trou circulaire fermé par une soupape à siége conique s'ouvrant de bas en haut et à course limitée.

Corps de pompe. Ils sont ouverts à leur partie inférieure et sont mis en mouvement au moyen d'un balancier relié à la plaque de fondation.

Chapeaux. Ils sont fixés à la partie supérieure des corps de pompe qui porte les siéges de leurs soupapes s'ouvrant de bas en haut. Sur les chapeaux sont fixés les godets en cuivre qui contiennent l'eau destinée à noyer les soupapes des pompes et les tubulures filetées sur lesquelles se vissent les tuyaux de conduite d'air.

Jeu de la pompe. Pour se servir de la pompe il faut charger d'eau les pistons, un joint hermétique y est ainsi produit et l'air perd sa chaleur de compression.

Accessoires.

Tuyaux de conduite d'air. Ces tuyaux se composent de plusieurs toiles caoutchoutées dont l'imperméabilité est obtenue au moyen de fines feuilles de caoutchouc. Au milieu des toiles se trouve une hélice en fil de fer garnie de caoutchouc qui empêche le tube de se couder.

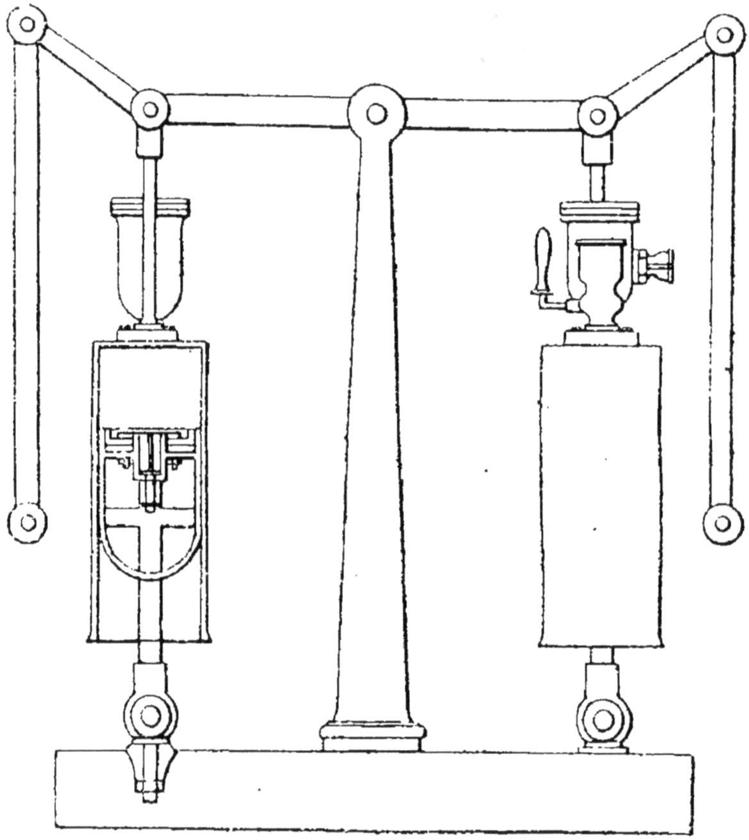

Tuyaux d'arrivée d'air.

Tuyaux de respiration. Lorsque l'on plonge sans habit, un tuyau en caoutchouc très-souple joint la chambre à air au ferme-bouche; avec l'habit le tuyau est en deux parties : 1° un tuyau de respiration extérieure à deux écrous, l'un se vissant sur le raccord du masque et l'autre sur la chambre à air; 2° un tuyau courbe de respiration intérieure fixé d'un côté sur l'embout et de l'autre s'adaptant au ferme-bouche.

Manomètre. Un manomètre métallique est placé au point de jonction des tuyaux de conduite d'air des corps de pompe, c'est-à-dire sur la fourche en cuivre qui les réunit.

D'après le jeu du réservoir-régulateur il est nécessaire que les pompeurs maintiennent toujours un excès de pression d'une atmosphère.

Voir le tableau ci-joint.

PROFONDEURS. Ce sont les indications portées au manomètre.	PRESSIONS sur le plongeur.	PRESSIONS au manomètre.
10 mètres.	2 atmosphères.	3 atmosphères.
20 id.	3 id.	4 id.
30 id.	4 id.	5 id.

Pince-nez. Le nez est bouché au moyen d'un pince-nez dont les pelotes sont recouvertes en caoutchouc. Une vis de pression règle le serrage à la volonté du plongeur, et deux cordons noués derrière la tête empêchent le pince-nez de tomber.

Souliers. Des souliers en cuir souple, dont la semelle est rivée à une plaque de plomb de 8 kilos, maintiennent le plongeur au fond de l'eau.

Habillement.

Vêtement de laine. Habit en caoutchouc. En toile et caoutchouc, terminé près du cou et aux poignets (bracelets) par une bande de tissu élastique.

Masque. La tête est protégée par un demi-masque en cuivre portant une glace épaisse, à travers laquelle s'exerce la vue, ainsi qu'un embout en fer étamé pour les tuyaux de respiration. Il est garni à l'intérieur d'une feuille de caoutchouc épaisse formant matelas contre les chocs, et porte à sa base une gorge circulaire sur laquelle se fixe la collerette de l'habit.

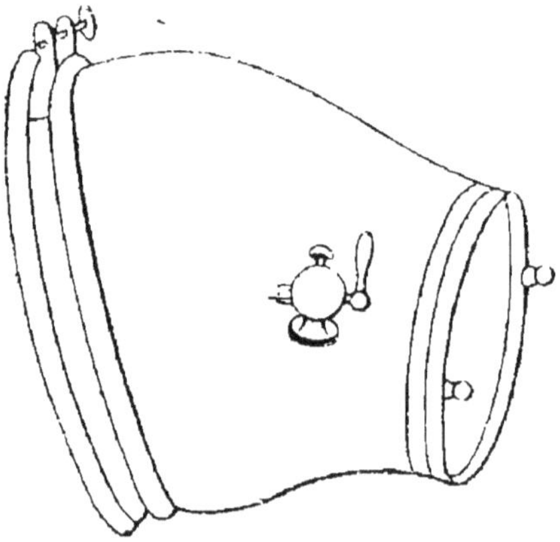

Un robinet placé au côté droit du masque permet au plongeur de laisser échapper de l'air. Un ergot placé sur le boisseau du robinet indique au plongeur s'il est ouvert ou fermé en grand.

Plombs. Un plomb de 7 kilos se croche à la partie inférieure du réservoir-régulateur.

L'emploi de l'habit exige une surcharge de poids qui se compose de plombs de tête crochés sur le sommet du masque et de plombs de côté crochés à la base du réservoir-régulateur (inutiles pour plonger sous les carènes).

CHAPITRE II.

1re Section. — PRATIQUE DE L'EXERCICE.

1° Visiter le matériel.

Visiter avec le plus grand soin :

Les pistons.	Fonctionnement des soupapes. Garnitures en cuir.
Les corps de pompe.	Fonctionnement des soupapes. Garnitures.
Le réservoir-régulateur.	Fonctionnement de la soupape de retenue. Fonctionnement de la soupape de distribution d'air. Fonctionnement de la soupape d'expiration. La calotte en caoutchouc.

Les tuyaux de conduite d'air.
Le ferme-bouche.
L'habit.
Le masque.

Dans cette visite, on s'assurera que les pièces en cuivre n'ont aucune trace d'oxydation.

2° Monter l'appareil.

Pompe. Graisser le cuir des pistons, remplir les godets avec de l'eau douce et donner quelques coups de balancier pour charger d'eau les pistons. On reconnaît que les pistons sont noyés lorsque l'eau est entraînée en dehors des bouts taraudés sur lesquels se vissent les écrous des tuyaux.

L'injection de l'eau ne doit être renouvelée qu'avec une extrême réserve ; il suffit d'injecter un demi-godet d'eau chaque demi-heure.

Tuyaux d'arrivée d'air. Visser les raccords sur les bouts filetés de la pompe, donner quelques coups de balancier pour vérifier que l'air circule bien. Boucher les tuyaux avec le doigt quelques instants, s'assurer qu'il n'y a aucune fuite aux différents joints coniques, visser les tuyaux sur le régulateur.

Réservoir-régulateur. Visser la soupape de distribution d'air, veiller à ce que les boulons du clapet et de la tige soient bien vissés à fond. Mettre en place le cercle de serrage, la soupape d'expiration ; s'assurer, en soufflant et aspirant alternativement dans le tuyau de respiration, que la calotte est bien montée ; le plus léger souffle doit faire librement monter et descendre les plaques métalliques.

Soupape d'expiration. La placer sur le tuyau destiné à la recevoir ; élargir avec les doigts la base cylindrique du caoutchouc, en évitant de faire force avec les ongles ; fortifier les joints avec une ligature en fil à voile.

Faire la ligature du tuyau de respiration suivant que l'on descend sans l'habit ou avec l'habit.

Mettre en place le couvercle ; engager la soupape d'expiration dans la cheminée en fer, qui la protége de tout choc.

S'assurer, en soufflant par le tuyau d'expiration, que cette soupape joue *très-librement.*

3° Installations préliminaires.

Voir au Cabirol.

4° Envoyer un plongeur au travail.

1° Sans vêtement.

Charger l'appareil lesté sur le dos du plongeur, le plus haut possible.

Oreilles. Mettre un peu de coton imbibé d'huile

dans les oreilles, pour éviter la sensation désagréable de l'eau.

Bretelles. Les bretelles doivent pouvoir se déboucler facilement au fond de l'eau.

Tuyau de respiration. Le tuyau de respiration passe par-dessus l'épaule gauche.

Pince-nez. — *Placer le pince-nez*. Le plongeur cherche avec ses doigts la place des pelotes, puis il serre la vis de pression et s'assure, en aspirant et expirant une ou deux fois, que les narines sont complétement bouchées.

Ferme-bouche. Mettre le ferme-bouche en place.

Recommander au plongeur de respirer naturellement dans l'appareil et de sucer, pour ainsi dire, constamment le tuyau de respiration, pour éviter l'introduction de l'eau.

Faire mouiller le plongeur, en lui faisant d'abord quitter le ferme-bouche; il ne le reprendra que lorsque la première sensation de froid se sera dissipée. N'envoyer plonger que lorsque la respiration est devenue parfaitement calme.

Mettre les souliers. Fixer les courroies des souliers, et assurer autour de la cheville le bout de ligne du talon, en le faisant passer dans l'œil de l'épissure.

Mettre la ceinture.

Cordon de sûreté. L'emploi d'un cordon de sûreté ne peut qu'augmenter la confiance du plongeur, et, dans certains cas, il sert pour des signaux de convention.

2° Avec vêtement.

Habiller le plongeur. — *Endosser l'habit*. Le plongeur, préalablement revêtu du vêtement de laine, entre dans l'habit par l'ouverture de la collerette élastique. Il met d'abord les deux jambes, puis le corps et les bras, qu'il peut élever en l'air pour faciliter l'opération. Amarrer la corde de sûreté. Mettre les souliers et la ceinture.

Mettre le masque. Le plongeur place le masque sur sa tête, et l'aide qui l'habille fait passer la collerette de l'habit par-dessus la gorge en caoutchouc du masque. Mettre ensuite par-dessus la collerette le cercle de serrage ; serrer fortement le boulon.

Charger l'appareil sur le dos.

Boucler les bretelles.

Visser l'écrou du tuyau de respiration.

Placer les plombs. { Plomb de dos.
Plomb de côté.

Mettre les bracelets.

Au moment de l'immersion, visser la glace du masque, et en faire ouvrir le robinet par le plongeur, pour qu'il puisse s'enfoncer facilement.

Crocher les plombs de tête.

5° Manœuvrer les pompes.

Pomper de façon à ce que l'aiguille du manomètre ne descende jamais au-dessous de la division qui indique le nombre de mètres de profondeur.

Recommander aux pompeurs d'aller toujours à fond de course à chaque coup de piston.

6° Travailler sous l'eau.

Signaux de convention. Se reporter au scaphandre Cabirol.

Des divers modes d'emploi de l'appareil.

1° *Avec le réservoir-régulateur* (muni de son tuyau d'arrivée d'air) *lesté, et les souliers.* Application pour la visite des prises d'eau, pour dégager les crépines, pour la visite et le nettoyage de l'hélice.

Dans de bonnes conditions de température, la durée du séjour sous l'eau ne peut guère dépasser deux heures.

L'emploi de l'appareil *sans vêtement* doit être limité à de petites profondeurs.

2° *Avec l'habit en caoutchouc.* Application principale aux travaux hydrauliques et aux nettoyages des carènes qui exigent des séjours prolongés de cinq à six heures sous l'eau.

3° *Avec le réservoir-régulateur non lesté* (sans tuyau d'arrivée d'air). Le poids du réservoir-régulateur dépassant son déplacement d'environ un demi-kilo, et l'homme, mettant à sa ceinture un poids d'environ un kilo, celui-ci est à peu près dans les conditions d'un nageur pour se soutenir à la surface de l'eau, et a plus de facilité pour couler.

Descente immédiate pour boucher une voie d'eau ou un trou de boulet ; dans un échouage, possibilité d'explorer rapidement le fond.

Plonger aux profondeurs moyennes. Le plongeur ne devra monter et descendre l'échelle que très-lentement.

Lorsque le plongeur, au travail, fixe sa tringle de suspension, il doit mettre dans son habit la quantité d'air nécessaire pour ne pas peser et se trouver commodément maintenu le long du navire. Sous la quille, l'air de son habit le maintient sans qu'il fasse effort sur la tringle ; il devra veiller, dans ses divers déplacements, à ne pas engager le tuyau d'arrivée d'air.

En mettant plus ou moins d'air dans son habit, il monte ou descend en dehors de l'échelle, accroche ou décroche son marchepied, va d'un barreau à l'autre, au fur et à mesure de son travail.

Un accident quelconque vient-il à nécessiter sa sortie immédiate de l'eau, il se fait remonter par la corde de sûreté. Si ce moyen est insuffisant, 1° sans vêtement, il n'a qu'à larguer les courroies de ses souliers, défaire la bretelle gauche et abandonner l'appareil ; mais, vu le danger que peut faire courir une décompression rapide des poumons, ce dernier mode d'action ne devra être employé que dans le cas d'un péril imminent. 2° Avec un vêtement, il se gonfle d'air. Le plongeur, à cet effet, a à sa disposition deux moyens : expirer l'air par les narines ou quitter le ferme-bouche. Dans cette seconde manière, il porte son masque en arrière avec les deux mains, en se penchant lui-même assez en arrière pour que l'air se répande dans l'habit. Pour se dégonfler, il ouvre le robinet d'évacuation et peut, sans peine, reprendre le ferme-bouche, s'il l'a quitté.

L'arrivée des bulles d'air à la surface permet de se rendre un compte très-exact de la situation du plongeur ; elles doivent se succéder à des intervalles égaux de trois ou quatre secondes.

Plonger à de très-grandes profondeurs. Descendre et remonter *très-lentement ;* si l'on se sent oppressé, si l'on éprouve des bourdonnements d'oreilles en descendant, remonter de un ou deux mètres et avaler plusieurs fois sa salive, l'équilibre se rétablira. Ne redescendre que lorsqu'on se trouve bien.

Si les oppressions, les bourdonnements d'oreilles, les maux de tête persistent, ne pas lutter et remonter lentement. En effet, pour aller aux très-grandes profondeurs de 30 à 50 mètres, il faut des plongeurs habitués à supporter la pression de pareilles colonnes d'eau.

L'appareil, quelle que soit la profondeur, donnera toujours de l'air à la pression ambiante, mais il ne peut rien contre l'effet de cette pression sur le corps du plongeur.

En remontant, il faut s'arrêter de temps en temps, pour se décomprimer régulièrement.

Il est bon, quand on a plongé à de très-grandes profondeurs, de mettre, pour remonter, une minute par un ou deux mètres de profondeur.

Il est beaucoup plus important d'aller lentement pour remonter que pour descendre.

Faire travailler deux plongeurs en même temps. Si l'on envoie les deux plongeurs en même temps sous l'eau, alimentés par la même pompe à air, la seule précaution à observer est de maintenir la pression; mais, si l'un des plongeurs est déjà sous l'eau et que l'on veuille y envoyer le second, il faut faire attention à la manière de charger le second réservoir-régulateur. Si l'on ouvrait, en effet, en grand le robinet du second réservoir-régulateur, l'air contenu dans le premier se précipiterait dans le second, la pression baisserait instantanément de moitié, et le plongeur serait exposé à manquer d'air pendant quelque temps.

On doit, dans ce cas, faire pomper plus fortement et ouvrir progressivement le robinet, en surveillant l'aiguille du manomètre et en ne laissant pas tomber la pression.

7° Remonter et déshabiller le plongeur.

Remonter le plongeur. L'homme ayant prévenu qu'il remontait, embraquer le mou du tuyau d'arrivée d'air et de la corde de sûreté; on sait, par suite, toujours la profondeur à laquelle il se trouve.

Continuer à pomper régulièrement d'après les indications du manomètre jusqu'à ce qu'on ait dévissé la glace, c'est-à-dire en maintenant successivement au manomètre les pressions des différentes profondeurs par lesquelles passe le plongeur.

Déshabiller le plongeur. Ouvrir le robinet du masque.

Dévisser la glace.

Enlever les plombs.

Dévisser les écrous du cercle de serrage du régulateur, et enlever le masque et le réservoir-régulateur.

Enlever les souliers, la ceinture.

Enlever l'habit, retirer les bracelets, retirer les bras des manches, les faire passer l'un après l'autre par la collerette, et faire glisser l'habit.

IIe Section. — ENTRETIEN ET AVARIES.

1° Entretien de l'appareil.

Pompe. Entretenir la pompe à air comme les pompes ordinaires.

Quand on doit s'en servir d'une manière constante, garder les chapeaux, les corps de pompe, les godets et les balanciers polis, ou au moins dans un état de propreté préservant de toute oxydation; avoir soin de bien nettoyer les clapets, si l'on veut avoir une pompe très-douce à manœuvrer.

Quand on ne s'en sert qu'à d'assez longs intervalles, mettre à sec toutes les pièces après la fin du travail; veiller à ne pas détruire le rodage de la soupape du piston, en la frottant avec un corps dur, l'essuyer avec du linge sec.

Tuyaux. Leur entretien n'exige aucun soin particulier; il faut, après qu'ils ont été dans l'eau, les faire sécher à l'air sans les exposer au soleil. C'est une règle générale pour les objets en caoutchouc.

Réservoir-régulateur. Après s'en être servi, il faut toujours le démonter. Enlever le couvercle, la soupape d'expiration, le cercle de serrage, l'écrou de la tige, la calotte, la soupape en bronze d'aluminium.

Vider par le trou taraudé de cette soupape l'eau que la pompe a envoyée dans le réservoir.

Ne pas laisser oxyder les différentes parties du réservoir-régulateur, et les entretenir proprement. Peindre l'appareil avec une peinture conservatrice du métal.

Accessoires. Fourbir les différentes parties en

cuivre, et ne pas les laisser toujours en contact avec les objets en caoutchouc, ferme-bouche et calottes, qui noirciraient promptement le cuivre.

Après s'être servi de l'habit, le faire sécher à l'ombre en le retournant après l'avoir lavé à l'eau douce.

Masque. Ne pas serrer à fond la glace sur sa monture. Sans cette précaution, la rondelle de caoutchouc adhère trop fortement à la monture de la glace, et ensuite on éprouve des difficultés pour enlever celle-ci.

2° Avaries qui peuvent se présenter.

Pompe. Lorsqu'on se sert d'une pompe neuve, il peut arriver que la pompe ne fonctionne pas, les cuirs étant secs et les pistons emmanchés très-librement.

Couvrir d'eau les pistons et laisser les cuirs s'imbiber pendant quelque temps.

La pompe, fonctionnant, faire aspirer l'eau des godets et noyer les soupapes.

Dès que l'eau sort par les bouts filetés, pomper quelques instants, et ne serrer les raccords des tuyaux que lorsque la pompe envoie de l'air humide au lieu d'un mélange d'eau et d'air.

On évite ainsi d'envoyer trop d'eau dans le réservoir-régulateur.

La pompe ayant servi une ou deux fois, on n'aura plus à prendre ces précautions.

Un des corps de pompe peut voir son fonctionnement gêné ou même interrompu pour un des quatre motifs suivants :

1° L'eau ne couvre pas les pistons.

2° Un corps étranger, tel qu'un petit éclat de bois pris par le corps de pompe, empêche une des deux soupapes de fonctionner.

3° Les garnitures d'un chapeau de la pompe laissent fuir l'air.

4° Les vis, pressant le cuir du piston sur la bague en cuivre, se dévissent et laissent passer l'eau et l'air.

Indiquer ces avaries, c'est donner le moyen d'y remédier.

En enlevant le boulon qui sert d'axe au balancier et élevant en l'air les corps de pompe, on a sous les yeux tous les organes de la pompe.

La soupape du piston est fixée de manière à pouvoir être enlevée à la main et visitée de suite.

Tuyaux. Ils ne sont sujets à d'autre avarie que la rupture sur un point faible. Dans ce cas, il faut changer la partie qui laisse fuir l'air. On coupe la partie avariée et l'on ajuste les deux bouts sur un raccord cylindrique garni de crans qui s'impriment sur le caoutchouc au moyen d'une ligature extérieure. On a soin d'enduire le raccord et l'intérieur du tuyau de caoutchouc liquide, au moment où l'on enfonce le raccord dans les deux bouts du tuyau.

Il peut aussi se présenter une fuite à l'endroit où le tuyau s'applique sur la douille de l'écrou ; il faut alors refaire cette ligature. On évitera cette avarie, la plus probable après un long usage des tuyaux, en ayant soin, lorsque l'on serre ou desserre les tuyaux, de se servir uniquement de la clef et de ne pas faire force avec la main sur la douille.

Réservoir-régulateur. La calotte en caoutchouc peut être déchirée; elle doit alors être changée. Dans le cours d'une longue campagne on pourrait la réparer, comme l'habit en caoutchouc, au moyen de la feuille en caoutchouc laminé et de la pièce de toile de rechange.

La soupape en bronze d'aluminium, la pièce la plus importante de l'appareil, n'est pas susceptible d'avarie ; il n'y a qu'à l'entretenir toujours à sec, en nettoyant bien les rainures et en préservant ses différentes parties de l'oxydation, toujours très-lente sur le bronze d'aluminium.

Tuyau de respiration. On doit, lorsqu'on fait la ligature du tuyau de respiration, éviter de le couper avec le fil à voile ou de laiton. Il est bon de placer entre le fil et le tuyau un morceau de toile sur lequel se fait la ligature.

Habit. Pour réparer un trou fait à l'habit, bien le laisser sécher, appliquer autour du trou une couche de caoutchouc liquide, coller une feuille de caoutchouc laminé par-dessus la déchirure, enduire une feuille de toile préparée, d'un diamètre double du trou, la coller par-dessus le caoutchouc laminé et laisser sécher. L'imperméabilité est de nouveau obtenue.

Changer une manchette ou une collerette déchirée. La manchette est cousue avec la toile de l'habit. Une feuille de caoutchouc laminé recouvre la couture, et deux bandelettes de toile préparée cachent complétement la couture et les feuilles de caoutchouc. Pour changer une manchette déchirée, enlever les bandelettes et le caoutchouc laminé, enlever la manchette déchirée, coudre la manchette neuve et cacher la couture avec le caoutchouc pur. Enduire de caoutchouc liquide les bandelettes de toile préparée et les coller par-dessus les feuilles de caoutchouc pur.

Le changement d'une collerette avariée s'effectue identiquement comme celui d'une manchette déchirée.

CHAPITRE III.

Instruction des plongeurs.

Pour former des plongeurs pouvant produire dans l'eau un travail utile et d'une certaine durée, un entraînement préparatoire est nécessaire. Les écoles de scaphandre des ports répondent à ce besoin.

Voici la progression qu'y suit l'instruction.

Matériel (voir au *Cabirol*).

1re LEÇON.

1° *A l'air*. Faire habiller l'apprenti et le faire respirer à l'air libre au moyen de l'appareil, pendant dix minutes, avec et sans pince-nez.

Lui apprendre, à l'air libre, à expirer l'air par le nez, à quitter et reprendre le ferme-bouche, à ouvrir le robinet, en un mot à simuler tout ce qu'il aura à faire pour se gonfler et se dégonfler dans l'eau.

Visser la glace et l'exercer à l'air libre à respirer et renvoyer l'air par le tuyau de respiration, avec et sans pince-nez, se gonfler (par les deux manières) et se dégonfler.

2° *A 3 ou 4m sous l'eau*. Faire descendre le plongeur sous l'eau par l'échelle disposée sur la plate-forme d'exercice (avec le pince-nez), lentement, en ayant soin d'immerger rapidement la tête, parceque cette immersion est accompagnée d'une sensation pénible. Lui faire garder le plus d'air possible dans son habit; le faire respirer lentement et sans effort. Le faire s'exercer à quitter et à reprendre le ferme-bouche, à se baisser, s'agenouiller, etc.

Le faire remonter avec beaucoup de lenteur; s'il ressent du malaise, il doit s'arrêter quelque temps ou même redescendre un ou deux échelons.

Cette première leçon doit être donnée à une profondeur de 3 ou 4 mètres, pour que l'instructeur puisse bien surveiller l'élève et que celui-ci ne soit pas exposé aux malaises qui résultent, les premières fois, de pressions un peu considérables.

2e LEÇON.

Faire descendre le plongeur sous l'eau, sans pince-nez. Lui mettre simplement le plomb de dos et les plombs de tête et le garder encore très-près de la surface. S'il prend bien l'air dans son régulateur, le laisser ainsi pendant dix minutes.

S'il respire l'air contenu dans son habit, on voit ce dernier se coller sur le corps du plongeur. La poche formée par l'habit derrière la tête s'aplatit et le masque se colle sur la tête de l'homme. Il faut alors le faire remonter, sans cela il suerait à grosses gouttes et se trouverait très-gêné sous l'eau.

Le faire remonter, lui expliquer de bien prendre l'air dans le réservoir et de ne pas aspirer par le nez, qui ne doit servir qu'à renvoyer de l'air pour se gonfler.

Le faire descendre à deux mètres et lui dire d'essayer de se gonfler de manière à monter tout seul à la surface, sans toucher l'échelle par le seul effet de l'air qu'il renvoie par le nez dans son habit. Lui recommander, lorsqu'il veut remonter ainsi, de bien fermer les lèvres sur son ferme-bouche.

Dès qu'il est remonté, l'amener avec la corde de sûreté à l'échelle, le faire redescendre à deux mètres et lui faire répéter plusieurs fois cette manœuvre.

Le faire se dégonfler.

Encore, pour cette leçon, ne pas laisser descendre à une profondeur de plus de quatre mètres.

3e LEÇON.

Faire descendre le plongeur avec tous les plombs. On doit toujours mettre tous les plombs pour marcher sur le fond ; sans les plombs de côté le plongeur serait trop léger et aurait de la difficulté à marcher, en outre son régulateur le tirerait légèrement en arrière.

Le faire exercer à gonfler et dégonfler son habit.

Lui faire employer aussi la deuxième manière, lui recommandant bien de se pencher en arrière pour remplir son habit d'air lorsqu'il abandonne le ferme-bouche.

Lui indiquer qu'il peut ainsi se reposer dans un cas de fatigue ou après un effort violent. En se penchant en arrière, il reçoit dans la bouche et le nez l'air froid qui arrive par le tuyau. Le faire remonter tout seul sans l'échelle en se gonflant comme dans la leçon précédente.

Cette leçon doit avoir lieu à des profondeurs de 10 à 12 mètres.

4e LEÇON.

Faire travailler sur une carène. Le navire cintré avec l'échelle en corde, donner au plongeur la tringle de suspension, le faire asseoir dessus et lui faire exécuter un travail de nettoyage ou de clouage soit sur le navire, soit sur un soufflage.

Ne mettre pour ce travail que les plombs de dos et de tête.

Apprendre au plongeur qu'il peut quitter son ferme-bouche, parler et se faire entendre sous l'eau d'un plongeur placé près de lui.

Les leçons suivantes sont consacrées à l'exécution des divers travaux relatifs aux chaînes ainsi qu'à celle de ceux se rapportant au charpentage, au calfatage et à la machine.

SCAPHANDRE ROUQUAYROL-DENAYROUZE

(NOUVEAU MODÈLE).

Additions et modifications apportées à l'ancien appareil.

CHAPITRE Ier.

Ire SECTION. — NOMENCLATURE.

Un casque.
Une collerette métallique.
Trois boulons de fermeture.
Un de rechange.
Un réservoir à air (paraît d'un emploi peu pratique à bord d'un bâtiment), indiqué pour mémoire.
Un couvercle avec tête à six pans pour condamner au besoin la soupape à air du casque.
Habit en caoutchouc portant une collerette en caoutchouc percée de trois trous.
Une ceinture avec anneau.

IIe SECTION. — DESCRIPTION DÉTAILLÉE.

Casque. Remplace avantageusement le masque, bien balancé, poids réparti sur les épaules.

Quatre glaces sur le dessus, les côtés et le devant, celle-ci pouvant se dévisser.

Un robinet d'échappement d'air sur le devant, à droite.

A l'arrière du casque, une grosse courbe sur

laquelle se visse le tuyau d'arrivée d'air (plongeur sans régulateur.)

Sur le côté gauche, une tubulure portant à l'intérieur un tuyau recourbé (pour les tuyaux de respiration).

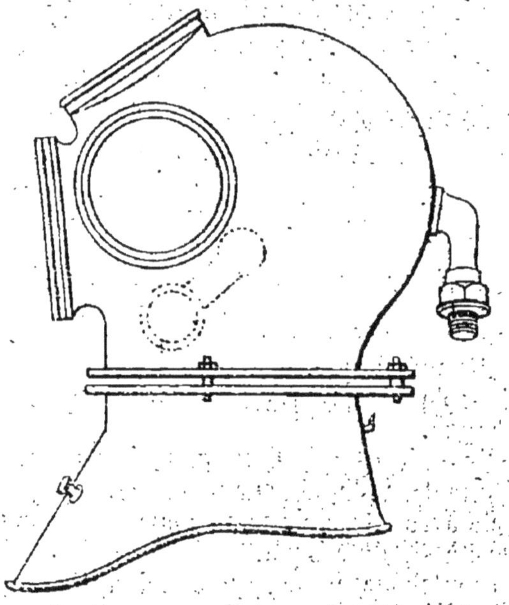

Sur le côté droit, une soupape à air semblable à celle que porte le casque Cabirol.

Son collier porte trois trous pour recevoir les boulons qui doivent le fixer à la collerette.

Collerette métallique. Cette collerette est en cuivre; elle porte à la partie supérieure un rebord horizontal percé de trois trous pour le passage des boulons de fermeture.

Boulons. Ces boulons ont un fort diamètre qui les met à l'abri de toute rupture ; ils donnent une fermeture simple, rapide et hermétique en maintenant la collerette en caoutchouc de l'habit entre les deux surfaces parfaitement planes du rebord de la collerette métallique et du collier du casque.

Réservoir à air. Cylindrique et porté sur trois pieds, il est placé près de la pompe à air et est d'un emploi facultatif. Il porte à la partie inférieure deux tubulures sur lesquelles se vissent les bouts des tuyaux de conduite d'air de la pompe, à la partie supérieure, une troisième tubulure pour le tuyau qui va porter l'air au plongeur.

Sur le fond se trouve un robinet de purge pour expulser l'eau entraînée.

Le manomètre se place sur ce réservoir.

CHAPITRE II.

Monter l'appareil. — Casque.

1° *Plonger sans régulateur.* Condamner, par un bouchon de cuivre taraudé, la tubulure du casque qui porte intérieurement un tuyau recourbé ; enlever celui-ci.

Enlever, au moyen d'une clef, le couvercle qui recouvre la soupape à air.

2° *Plonger avec le régulateur.* Recouvrir la soupape à air avec le couvercle, serrer à fond.

Ouvrir la tubulure de côté en supprimant le bouchon.

Mettre dans l'intérieur le tuyau courbe de respiration avec un ferme-bouche.

4° Envoyer un plongeur au travail.

Habiller le plongeur. Le plongeur habillé comme il a été dit, introduire le coussin dans l'intérieur de l'habit.

Mettre la collerette métallique. La faire passer sur la tête du plongeur et engager la collerette de caoutchouc dans la collerette métallique. Rabattre ensuite la bande plate élastique sur le rebord hori-

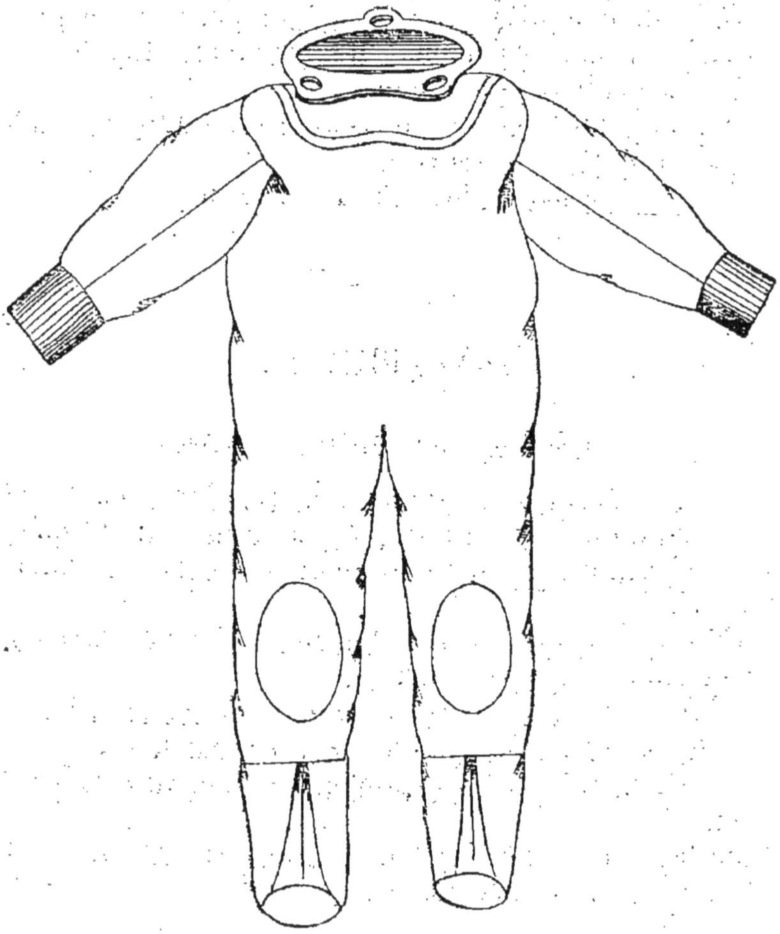

zontal de la collerette en cuivre, en engageant les trois gros boulons qui y sont fixés dans les trois trous correspondants de la collerette en caoutchouc.

Mettre le casque. Le capeler en le faisant descendre verticalement. Le poser à plat sur le rebord de la collerette, en engageant dans les trois trous de son collier les trois boulons de cette collerette. Puis, serrer à fond les écrous correspondants.

Tuyaux d'arrivée d'air. Leur installation sur le réservoir à air, si l'on en emploie un, se comprend sans explications.

Sans régulateur. 1° Faire passer le tuyau d'arrivée d'air au plongeur dans l'anneau de la ceinture ; visser le raccord qui le termine sur la douille de la crosse courbe.

Avec régulateur. 2° Visser le bout du tuyau de respiration extérieure à douille étamée sur la tubulure du côté gauche.

Plombs. Mettre les plombs de devant et de derrière.

6° Travailler sous l'eau.

Modes d'emploi de l'appareil. Deux modes d'emploi.

1° Avec le réservoir-régulateur et le ferme-bouche dans le casque (ancien appareil).

2° Sans régulateur. Le fonctionnement est semblable à celui du scaphandre Cabirol.

Plonger sans régulateur. Une fois dans l'eau, le plongeur fixe la soupape à air dans une position convenable, en pressant plus ou moins sur le ressort, c'est-à-dire en serrant sur le couvercle quand il n'a pas assez d'air et en desserrant quand il en a de trop.

7° Déshabiller le plongeur.

1° Ouvrir le robinet.
2° Dévisser la glace.

3° Enlever les plombs.

4° Détacher le régulateur si l'on s'en est servi.

5° Dévisser les écrous de la collerette, enlever le casque verticalement.

6° Enlever l'habit.

Paris. — Imprimerie J. Dumaine, rue Christine, 2.

MANUEL

DES

PETITES ARMES

ET EXERCICES DIVERS

PARIS. — Impr. de J. DUMAINE, rue Christine,

MINISTÈRE DE LA MARINE ET DES COLONIES.

MANUEL

DES

PETITES ARMES

ET EXERCICES DIVERS

MANUEL

DU REVOLVER

PARIS
LIBRAIRIE MILITAIRE DE J. DUMAINE
LIBRAIRE-ÉDITEUR
Rue et Passage Dauphine, 30

1877

MANUEL DU REVOLVER

CHAPITRE Ier.

Définition. — Description. — Nomenclature.

Le revolver est un pistolet à 6 coups, à cartouche métallique, se chargeant par la culasse.

Un cylindre, nommé barillet, percé de 6 chambres destinées à recevoir les cartouches, tourne autour d'un axe central et, à chaque coup, une des chambres vient, au moyen d'une transmission de mouvement, se présenter dans le prolongement du canon.

Les revolvers en usage dans la marine sont de deux systèmes bien distincts :

1° Le revolver modèle 1858, à feu intermittent à cartouche métallique et à broche ;

2° Le revolver modèle 1858, transformé (1858 T), le revolver modèle 1870 et le revolver modèle 1870 modifié (1870 M). Ces quatre modèles sont à feu intermittent ou continu, à cartouche métallique et à percussion centrale.

Dans le revolver modèle 1858, on remarque :

1° Le canon (1) en acier, du calibre de $10^{mm},7$, rayé au pas de $1^{m},50$. Les rayures sont au nombre de quatre, et leur profondeur est de $0^{mm},3$. Sur le

(1) L'instructeur démontera l'arme en en faisant la nomenclature. A mesure qu'il nommera une pièce, il la présentera aux hommes et leur en expliquera l'utilité.

canon, on distingue, à l'avant, le guidon de mire, terminé par une petite boule ; sur le côté, le guide de la tête de la baguette, et à l'arrière, le renfort, percé d'un conduit taraudé pour l'axe du barillet et d'un autre conduit pour la baguette. Ce renfort est terminé par une queue qui relie le canon à la sous-garde, au moyen d'une vis appelée vis de pontet et de canon.

2° Le barillet en acier, ses six chambres, son trou central, présentant à l'avant une saillie qui s'engage dans le trou du renfort. A l'arrière du barillet, on remarque au centre une roue à rochet, et à l'extérieur, six adents ou buttoirs et six encoches pour les broches des cartouches.

3° Le plateau de culasse, en fonte, et ses deux oreilles, formant corps de platine. Ce plateau porte l'axe du barillet, fileté à son extrémité et muni d'un ressort destiné à établir un frottement entre le barillet et son axe. On y remarque la portière de chargement, son loquet et sa charnière. On y voit, en outre, près de l'oreille de droite, le trou destiné à laisser passer l'arrêt du barillet.

4° La poignée du revolver comprend la monture, composée de deux joues en bois, réunies par une vis et un écrou ; la calotte, la bride de poignée et la queue de sous-garde.

5° Le mécanisme de platine, qui comprend six parties principales, savoir : le grand ressort, le ressort de détente, la détente, l'arrêt du barillet, le chien, qui porte le cran de mire, le mentonnet et son ressort.

6° La sous-garde ou pontet.

La cartouche est formée d'un tube en cuivre embouti, dont le culot, sans bourrelet, est renforcé par une rondelle de coton. Cette rondelle porte un carré en laiton, qui reçoit la capsule ; une broche, dont la saillie est de 4^{mm},4, débouche dans la capsule, à une petite distance du fulminate. La cartouche contient une charge de 0gr,63 de poudre de chasse superfine; le poids de la balle est de 13gr,5. Le poids total de la cartouche est de 17gr,23.

Revolver 1858 T (transformé).

Description. — Nomenclature.

Le revolver primitif du modèle 1858 a été transformé en 1873, et mis à feu intermittent ou continu et à percussion centrale. Cette transformation a nécessité le changement complet de la platine et l'adoption du mécanisme analogue à celui du modèle 1870. On a obtenu les avantages suivants : suppression des inconvénients de la cartouche à broche, adoption d'une cartouche unique pour tous les revolvers réglementaires de la marine. — On trouve dans le modèle (1858 T) les descriptions générales du modèle 1858, avec les légères modifications suivantes, en dehors du mécanisme de platine :

Suppression de la petite boule du guidon de mire et son remplacement par un guidon analogue à celui du modèle 1870 ; adjonction d'un cran de mire sur la partie arrière du canon ; agrandissement du corps de platine du pontet, qui ne fait plus partie de la bride inférieure de la poignée.

Revolver modèle 1870.

Dans ce revolver, on distingue :

1° Le canon, du calibre de 11mm,1, portant quatre rayures au pas de 1m,24, d'une profondeur de 0mm,2. Sur le canon, on remarque, à l'avant, un guidon de mire, terminé par une boule, et sur le côté, un guide pour la baguette ; le canon est vissé dans la carcasse.

2° La carcasse, en fonte, formant cadre carré, reçoit, à sa partie avant, le canon, la baguette, la broche, un axe du barillet ; à sa partie supérieure, elle porte une encoche formant cran de mire; à sa partie inférieure, un trou pour le passage de la détente. La partie arrière comprend : le plateau de culasse, avec la portière de chargement qui s'ouvre à droite: les deux oreilles faisant corps de platine; la queue et sa calotte, qui, avec les deux joues en bois de la crosse, constituent la poignée de l'arme.

3° Le barillet, ses six chambres, le canal de la broche. A l'arrière du barillet, on voit, en outre, une roue à rochet, et à l'extérieur, six encoches. Chaque chambre présente à l'arrière une feuillure, pour loger le bourrelet de la cartouche.

4° Le mécanisme de platine, qui comprend les pièces suivantes : le grand ressort, la gâchette et son ressort, le ressort de détente, la détente, le mentonnet et la barrette avec le ressort, commun à ces deux pièces, le chien et sa chaînette.

5° La sous-garde ou pontet.

La cartouche est formée d'un tube en cuivre, percé en son culot d'un trou central, pour le passage du chien. Un bourrelet arrête la cartouche dans sa position de chargement. Le chien agit sur une capsule qui communique le feu à la charge. La cartouche contient 0gr,80 de poudre de chasse superfine. La balle est du poids de 12gr,8. Le poids total de la cartouche est de 17gr,75.

Revolver modèle 1870 modifié. — 1870 N (neuf).

La principale différence entre le modèle 1870 et le modèle 1870 (neuf) consiste dans une modification apportée en 1873 au système de la broche. Cette pièce, dont la position dans le tir n'était pas suffisamment assurée, a été assujettie au moyen d'une clef-arrêtoir, qui porte un pivot et une queue faisant ressort. On a augmenté, en même temps, les dimensions de la tête de la broche et de la partie antérieure de la cage du barillet, à la hauteur du pivot de broche. On a aussi modifié certaines parties accessoires, telles que : cran de mire, le sommet du guidon, puis, légèrement, la forme de la poignée de crosse et celle du pontet.

Modèle 1858 T. — 1870 et 1870 N.

La rotation du barillet se produit de la même façon que pour le modèle 1858. L'arrêt du barillet est ici remplacé par une saillie de la détente qui se place dans une des six encoches extérieures. Le modèle 1858 T a conservé la disposition d'arrêt du barillet du modèle 1858 primitif. Quand on presse sur la détente, le chien étant à l'abattu ou au cran de sûreté, la détente agit sur le chien par l'intermédiaire de la barrette et le force à se relever. Le cran de la barrette se dégage seul du chien un peu avant la position du bandé. Si on arme avec le chien, c'est celui-ci qui agit sur la détente par l'intermédiaire de la barrette. La gâchette porte le cran de sûreté et de bandé ; l'arme étant à cette dernière position, si on presse sur la détente, elle agit sur la gâchette qui dégage le chien et celui-ci n'est plus soumis qu'à l'action du grand ressort.

Démontage. — Remontage. — Entretien (1).

Modèle 1858. — Ordre dans lequel s'opère le démontage.

Mettre le chien au cran de sûreté :

1° Dévisser la vis de pontet et de canon ;

---

(1) Il est entendu que les armuriers seuls doivent, en temps ordinaire, être chargés de l'entretien de ces armes ; mais comme dans certains cas, tel que celui où un détachement serait isolé, on peut se trouver dépourvu d'armuriers, il est bon de fournir aux hommes le moyen de démonter eux-mêmes leurs armes pour les nettoyer.

2° Dévisser le canon de la tige du plateau de culasse;
3° Retirer le barillet;
4° Dévisser la vis de monture. Enlever la monture;
5° Dévisser la vis de calotte. Enlever la calotte;
6° Dévisser la vis de bride de poignée, enlever la bride;
7° Dévisser la vis du grand ressort, enlever le grand ressort;
8° Dévisser la vis du ressort de détente, enlever ce ressort;
9° Dévisser la vis de sous-garde, enlever la sous-garde;
10° Dévisser la vis de détente. Enlever la détente;
11° Dévisser la vis du chien, retirer l'arrêt du barillet et le chien qui ramène le mentonnet et son ressort.

Le remontage s'opère dans un ordre inverse. Ces deux opérations n'exigent que l'emploi d'un tourne-vis. Avoir soin, en remontant le grand ressort, d'engager son extrémité sous la roulette du chien.

Pour l'entretien de l'arme, on dévisse la vis de pontet et de canon, et on démontera simplement le canon et le barillet, qu'on nettoie alors facilement. Si l'on veut graisser la platine, on dévissera la vis de monture et on enlèvera le bois.

Modèle 1858 T.

Mettre le chien au cran de sûreté :
1° Dévisser la vis de pontet et de canon. Enlever le pontet;
2° Enlever le ressort de détente ;
3° Dévisser le canon de la tige du plateau de culasse ;
4° Retirer le barillet;

5° Dévisser la vis de monture, enlever la rosette et la monture ;

6° Dévisser les vis de calotte. Enlever la calotte ;

7° Dévisser les vis de la bride supérieure de poignée, enlever la bride ;

8° Dévisser la vis du grand ressort, enlever le grand ressort ;

9° Dévisser la vis pivot de détente, enlever la détente munie du mentonnet ;

10° Séparer la barrette et le mentonnet ;

11° Dévisser la vis du chien, enlever le chien ;

12° Dévisser la vis de bride inférieure, enlever cette bride munie du ressort de gâchette ;

13° Dévisser la vis-pivot de gâchette et enlever la gâchette.

Le remontage s'opère dans un ordre inverse.

Pour l'entretien de l'arme et le graissage de la platine, on procédera comme dans le modèle 1858.

Modèles 1870 et 1870 N.

Mettre le chien au cran de sûreté. Ouvrir la portière :

1° Tirer la broche ;

2° Oter le barillet. Mettre le chien à l'abattu ; fermer la portière ;

3° Dévisser la vis de monture, enlever la monture ;

4° Dévisser la vis du grand ressort, enlever le grand ressort ;

5° Dévisser les deux vis du pontet, enlever le pontet ;

6° Dévisser la vis de gâchette, enlever la gâchette et son ressort ;

7° Dévisser la vis du ressort de détente, enlever ce ressort ;

8° Dévisser la vis du chien qui ramène sa chaînette ;

9° Dévisser la vis de détente, enlever la détente, qui ramène avec elle le mentonnet et la barrette;

10° Séparer la barrette et le mentonnet.

Le remontage s'opère dans un ordre inverse. Ces deux opérations n'exigent que l'emploi d'un tournevis. Avoir soin en remontant le grand ressort de crocher sa griffe dans la chaînette.

Si l'on veut simplement faire le nettoyage et graisser le mécanisme, il suffit d'enlever le bois et le barillet.

Quant aux pièces dont il n'est pas question plus haut, elles ne devront être démontées que par les armuriers.

CHAPITRE II.

Note sur l'emploi du Revolver.

Le revolver est destiné spécialement à la défense individuelle. Les revolvers modèles 1858 et 1858 T ont une justesse de tir très-suffisante jusqu'à 30 mètres, mais on ne devra se servir qu'exceptionnellement de ces armes contre des hommes isolés au delà de 20 mètres, et les revolvers modèles 1870 et 1870 N pourront être utilisés jusqu'à la distance de 50 mètres; mais on ne devra se servir qu'exceptionnellement de ces armes contre des hommes isolés au delà de 30 mètres.

On visera toujours à la ceinture; pendant les exercices, on indiquera toujours le point à viser et on apprendra aux hommes à apprécier aisément la distance de 20 à 30 mètres en faisant viser fréquemment sur des hommes placés à ces distances.

La ligne de mire du revolver doit être prise en laissant la boule ou le petit prisme, qui forme l'extrémité du guidon, suivant le modèle, se détacher complètement au-dessus du cran de mire et en effleurant le fond. L'action du doigt sur la détente ne doit pas être trop lente, mais sans aucune secousse, ni coup de doigt.

Le tir des revolvers modèle 1858 T, 1870 et 1870 N, est plus précis en armant avec le chien qu'en armant avec la détente. Aussi ce dernier tir ne doit-il être employé qu'en cas d'urgence, lorsqu'on est serré de près.

Si, après avoir fait feu, on veut armer avec la détente, il faut avoir soin d'ouvrir le premier doigt de la main droite, de manière à laisser la détente revenir complétement en avant ; sinon il devient impossible d'armer en agissant de nouveau avec ce doigt. On peut dire aussi que dans les revolvers qui permettent deux genres de tir, en employant le chien ou la détente, il est essentiel de laisser la détente revenir en avant complétement, après chaque coup ; sans cette précaution, il devient impossible de faire fonctionner convenablement l'arme, et dans certains cas, il peut arriver que le coup vienne surprendre le tireur.

Lorsque les revolvers des modèles 1858 T, 1870 T et 1870 N sont chargés, le chien doit être au cran de repos et la baguette tirée à toute longueur maintenue par son ressort ou son chapeau, suivant le cas.

EXERCICE DU REVOLVER

Modèles 1858 T, 1870, et 1870 N.

1° Les hommes sont placés sur un rang avec une grande aisance des coudes.

Le revolver dans son étui, la languette déboutonnée, le chien à l'abattu, l'étui sur la hanche droite, la cartouchière à gauche de l'étui.

2° Lorsque l'instructeur veut faire passer de l'état de repos à celui d'immobilité, il commandera :

Garde à vous, peloton !

Ces commandements s'exécutent comme il est prescrit à l'école du soldat.

3° Charge en cinq temps.

L'instructeur commande :

Charge en cinq temps ! Chargez armes !

(1 temps, de 2 mouvements).

1er mouvement. — Faire un demi-à-gauche, saisir avec la main droite

Modèle 1858.

1° Les hommes sont placés sur un rang avec une grande aisance des coudes.

Le revolver est dans son étui le chien reposant sur un des buttoirs du barillet, l'étui sur la hanche droite, la cartouchière à gauche de l'étui.

2° Lorsque l'instructeur veut faire passer de l'état de repos à celui d'immobilité, il commande :

Garde à vous, peloton !

Ces commandements s'exécutent comme il est prescrit à l'école du soldat.

3° Charge en cinq temps.

L'instructeur commande :

Charge en cinq temps ! Chargez armes !

(1 temps. — 2 mouvements).

1er mouvement. — Faire un demi-à-gauche saisir avec la main droite l'arl'arme à la poignée, porter la main gauche à l'étui pour le maintenir.

4° 2ᵉ mouvement. — Retirer le revolver de l'étui, l'abattre dans la main gauche, la portière en dessus, le saisir à pleine main, en avant du barillet, la poignée de l'arme à environ 10 centimètres au-dessous des tétons, le bout du canon dirigé en avant, un peu à gauche, et légèrement élevé, placer le pouce de la main droite sur la crête du chien, les autres doigts en arrière et contre la sous-garde, le coude élevé.

5° *Armez!*

Armer au cran de repos ; placer la première phalange du pouce sur la crête de la portière les autres doigts prenant appui sous la sous-garde.

6° *Ouvrez le tonnerre!*

Ouvrir le tonnerre en pressant sur la tête de la portière de gauche à

me à la poignée, porter la main gauche à l'étui pour le maintenir.

4° 2ᵉ mouvement.—Retirer le revolver de l'étui, tirer la baguette entre le pouce et les deux premiers doigts de la main gauche, abattre le revolver dans la main gauche, la portière en dessus, le saisir à pleine main en avant du barillet, la poignée de l'arme à environ 10 centimètres en dessous des tétons, le bout du canon dirigé en avant, un peu à gauche et légèrement élevé ; placer le pouce de la main droite sur la crête du chien, les autres doigts en arrière et contre la sous-garde, le coude élevé.

5° *Armez!*

Armer au cran de repos ; porter la deuxième phalange du premier doigt pliée sur le ressort de la portière, les autres doigts fermés, les ongles en dedans, le pouce restant sur la crête du chien.

6° *Ouvrez le tonnerre!*

Ouvrir le tonnerre en pressant sur le ressort de droite à gauche, porter droite, porter la main à la cartouchière et saisir une cartouche.

7° *Cartouches dans le tonnerre !*

Introduire une cartouche dans la chambre, la balle en avant ; faire tourner le barillet de gauche à droite, entre les deux premiers doigts de la main droite ; arrêter la rotation au bruit du ressort intérieur ; prendre une autre cartouche, continuer à charger ainsi les 6 coups du revolver ; placer la deuxième phalange du premier doigt de la main droite derrière la portière, le pouce prenant appui sur le chien.

8° *Fermez le tonnerre !*

Rabattre la portière à gauche, placer le pouce de la main droite sur la crête du chien, les autres doigts en arrière et contre la sous-garde.

la main à la cartouchière, et saisir une cartouche.

7° *Cartouches dans le tonnerre !*

Introduire une cartouche dans la chambre, la balle en avant, la broche enfoncée dans la rainure ; faire tourner le barillet de gauche à droite entre les deux premiers doigts et le pouce de la main droite, arrêter la rotation au bruit du ressort intérieur ; prendre une autrecartouche, continuer à charger ainsi les 6 coups du revolver ; placer le pouce de la main droite derrière la portière, les autres doigts prenant appui sur la sous-garde.

8° *Fermez le tonnerre !*

Rabattre la portière à droite, placer le pouce de la main droite sur la crête du chien, la deuxième phalange du premier doigt sur la détente, les autres doigts derrière la sous-garde ; faire effort sur la crête du chien pour dégager le cran de repos, agir en même temps sur la détente et conduire le chien à l'abattu en s'as-

9° L'instructeur voulant faire exécuter le feu, commande :

Peloton, armes !

Armer et saisir l'arme à la poignée avec la main droite, le premier doigt allongé le long du pontet.

Diriger les yeux sur le point à viser.

10° Si l'instructeur veut faire exécuter le feu, le revolver étant dans son étui et chargé, il fait le même commandement qui est exécuté de la même manière ; les hommes prennent la position indiquée au premier temps de la charge.

11° *Joue !*

Engager la deuxième phalange du premier doigt dans la sous-garde, laisser tomber la main gauche dans le rang, allonger le bras droit en avant, pour viser, la saignée très-peu ployée, fermer l'œil gauche et viser à hauteur de ceinture.

12° *Feu !*

Faire partir le coup en achevant de fermer le doigt sans effort, la tête

surant qu'il repose sur un buttoir.

9° L'instructeur voulant faire exécuter le feu, commande :

Peloton, armes !

Armer et saisir l'arme à la poignée avec la main droite, le premier doigt allongé le long du pontet; diriger les yeux sur le point à viser.

10° Si l'instructeur veut faire exécuter le feu, le revolver étant dans son étui et chargé, il fait le même commandement qui est exécuté de la même manière ; les hommes prennent la position indiquée au premier temps de la charge.

11° *Joue!*

Engager la deuxième phalange du premier doigt dans la sous-garde ; laisser tomber la main gauche dans le rang, allonger le bras droit en avant pour viser, la saignée un peu ployée ; fermer l'œil gauche et viser à hauteur de ceinture.

12° *Feu !*

Faire partir le coup en achevant de fermer le doigt sans effort, la tête et le corps restant immobiles.

13° Le feu se continue par les mêmes commandements :

Apprêtez vos armes ! Joue ! Feu !

14° Quand les 6 coups sont tirés ou lorsque l'instructeur veut cesser l'exercice du feu, l'instructeur commande :

Chassez les culots !

Prendre la position du premier temps de la charge, serrer le barillet entre le pouce et les autres doigts de la main gauche, mettre le chien au cran de repos, ouvrir la portière, appuyer contre la poitrine la crosse, la crête du chien et le petit doigt de la main gauche, appuyer sur le ressort de baguette avec la deuxième phalange du premier doigt de la main droite et faire effort sur le ressort pour dégager la baguette, faire tourner le barillet de gauche à droite et à chaque bruit du déclic, enfoncer la baguette avec le pouce pour chasser le culot et la retirer vivement.

15° Les culots tombe-

et le corps restant immobiles.

13° Le feu se continue par les mêmes commandements :

Apprêtez vos armes ! Joue ! Feu !

14° Quand les 6 coups sont tirés ou lorsque l'instructeur veut cesser l'exercice du feu, il commande :

Chassez les culots !

Prendre la position du premier temps de la charge, serrer le barillet entre le pouce et les autres doigts de la main gauche, mettre le chien au cran de repos. Ouvrir la portière, appuyer contre la poitrine, la crosse, la crête du chien et le petit doigt de la main gauche, saisir la baguette avec le pouce et les deux premiers doigts de la main droite, faire tourner le barillet de gauche à droite et, à chaque bruit du déclic, enfoncer la baguette avec le pouce pour chasser le culot et la retirer vivement.

15° Les culots tomberont ainsi dans la main gauche, et devront être conservés autant que possible.

16° Si l'arme était chargée, elle se déchargerait par les mêmes mouvements.

17° L'instructeur voulant faire recharger les armes, commandera :

Charge en cinq temps ou charge à volonté ! Chargez vos armes !

Au commandement d'exécution, fermer le tonnerre, remettre les culots dans la cartouchière et prendre la position indiquée au 1er temps de la charge.

Si la charge est à volonté, elle sera exécutée en passant par tous les temps, mais sans que les hommes se règlent les uns sur les autres.

18° L'instructeur pourra faire exécuter des feux à volonté par les commandements :

1° *Feu à volonté!*
2° *Peloton, armes!*
3° *Commencez le feu!*

Au 2e commandement, exécuter le mouvement prescrit au n° 9.

Au 3e commandement,

ront ainsi dans la main gauche, et devront être conservés autant que possible.

16° Si l'arme était chargée, elle se déchargerait par les mêmes mouvements.

17° L'instructeur voulant faire recharger les armes, commandera :

Charge en cinq temps ou charge à volonté ! Chargez vos armes !

Au commandement d'exécution, fermer le tonnerre, remettre les culots dans la cartouchière et prendre la position indiquée au 1er temps de la charge.

Si la charge est à volonté, elle sera exécutée en passant par tous les temps, mais sans que les hommes se règlent les uns sur les autres.

18° L'instructeur pourra faire exécuter des feux à volonté par les commandements :

1° *Feu à volonté !*
2° *Peloton, armes !*
3° *Commencez le feu !*

Au 2e commandement, exécuter le mouvement prescrit au n° 9.

Au 3e commandement,

mettre en joue, tirer les 6 coups, chasser les culots, recharger, armer, et continuer le feu jusqu'au commandement :

Cessez le feu !

Chasser les culots, s'il y a lieu, et recharger.

Si l'instructeur veut faire exécuter le tir continu ou tir précipité, en armant avec la détente, il en préviendra les hommes par les commandements :

Feu à volonté ! Tir précipité !

Peloton, armes !

Commencez le feu !

Après avoir tiré les 6 coups dans la position de joue, chasser les culots, recharger et continuer le feu jusqu'au commandement :

Cessez le feu !

19° Le commandement de « Peloton, armes ! » adressé aux hommes ayant le revolver dans l'étui, implique de charger ces armes, si elles ne sont pas chargées d'avance.

20° Inspection des armes.

Prendre la position du 1er temps de la charge,

mettre en joue, tirer les 6 coups, chasser les culots, recharger, armer et continuer le feu jusqu'au commandement :

Cessez le feu !

Chasser les culots, s'il y a lieu, et recharger.

19° Le commandement de « Peloton, armes ! » adressé aux hommes ayant le revolver dans l'étui, implique de charger ces armes, si elles ne sont pas chargées d'avance.

20° Inspection des armes.

Prendre la position du 1er temps de la charge,

mettre le chien au cran de repos, ouvrir le tonnerre, saisir l'arme à la poignée, revenir face en tête, en faisant un demi-à-droite, et présenter l'arme, le canon vertical, la portière en avant, le bout du canon à hauteur de l'œil.

Chaque homme, lorsque l'instructeur arrive devant lui, fait tourner le barillet avec la main gauche, de manière à présenter toutes les chambres. Quand il est dépassé par l'instructeur, il ferme le tonnerre, abaisse le chien et replace le revolver dans son étui, en maintenant l'étui avec la main gauche. Il laisse ensuite tomber les mains dans le rang.

21° L'instructeur peut faire remettre les armes à un moment quelconque de l'exercice, par le commandement :

Remettez vos armes !

Prendre la position du 1er temps de la charge, fermer le tonnerre, s'il ne l'est déjà, revenir face en tête par un demi-à-droite, conduire le chien à l'abattu ; si le revolver

mettre le chien au cran de repos, ouvrir le tonnerre, saisir l'arme à la poignée, revenir face en tête, en faisant un demi-à-droite, et présenter l'arme, le canon vertical, la portière en avant, le bout du canon à la hauteur de l'œil.

Chaque homme, lorsque l'instructeur arrive devant lui, fait tourner le barillet avec la main gauche, de manière à présenter toutes les chambres. Quand il est dépassé par l'instructeur, il ferme le tonnerre, abaisse le chien, et replace le revolver dans son étui en maintenant l'étui avec la main gauche. Il laisse ensuite tomber la main dans le rang.

21° L'instructeur peut faire remettre les armes à un moment quelconque de l'exercice, par le commandement :

Remettez vos armes !

Prendre la position du 1er temps de la charge, fermer le tonnerre, s'il ne l'est déjà, revenir face en tête par un demi-à-droite, conduire le chien à l'abattu, sur un des buttoirs, n'est pas chargé, le mettre au cran de repos; dans le cas contraire, déposer l'arme dans sa fonte en maintenant l'étui avec la main gauche, et laisser tomber les mains dans le rang.

déposer le revolver dans sa fonte, en maintenant l'étui avec la main gauche, et laisser tomber les mains dans le rang.

QUESTIONNAIRE.

CHAPITRE Ier.

Qu'est-ce qu'un revolver?

Combien y a-t-il de modèles de revolvers en usage dans la marine?

Donnez la nomenclature du revolver modèle 1858.

Donnez la description de sa cartouche.

Donnez la nomenclature des revolvers : modèle 1858 T, modèle 1870, modèle 1870 N neuf et modèle 1870 modifié.

Donnez la description de la cartouche unique pour ces quatre modèles.

Démontez le revolver modèle 1858, ou 1858 T, ou 1870, 1870 N.

Remontez le revolver 1858, ou 1858 T, ou 1870, ou 1870 N.

Comment vous y prenez-vous, quand vous voulez simplement faire le nettoyage du revolver 1858 et du revolver 1858 T ?

Comment vous y prenez-vous, quand vous voulez simplement faire le nettoyage des modèles 1870, 1870 N ?

CHAPITRE II.

Quel est le but principal du revolver?

A quelle distance doit-on s'en servir?

Donnez les règles de tir de cette arme?

Comment doit-on prendre la ligne de mire?

Comment doit-on agir sur la détente?

Dans quel cas doit-on faire usage du tir précipité avec les revolvers à feu continu ?

Quelles précautions doit-on prendre quand on arme avec la détente ?

Quelle est la précaution à prendre quand les revolvers des modèles 1858 T, 1870 et 1870 N sont chargés ?

Donnez tel commandement de l'exercice du revolver modèle 1858, ou 1858 T, ou 1870, ou 1870 N.

Paris. — Imprimerie de J. Dumaine, rue Christine, 2.

MANUEL

DES

PETITES ARMES

ET EXERCICES DIVERS

Paris. — Imprimerie J. Dumaine, rue Christine, 2.

MINISTÈRE DE LA MARINE ET DES COLONIES.

MANUEL

DES

PETITES ARMES

ET EXERCICES DIVERS

GUIDE DES INSTRUCTEURS

DES TAMBOURS ET CLAIRONS

PARIS
LIBRAIRIE MILITAIRE DE J. DUMAINE
LIBRAIRE-ÉDITEUR
Rue et Passage Dauphine, 30.

1877

THÉORIE

PAR LEÇONS

pour l'instruction des élèves clairons.

3e CLASSE.

1re LEÇON.

(Cette leçon exige quinze jours).

L'instructeur donne d'abord à l'élève quelques renseignements sur l'instrument dont il doit se servir.

Ce que c'est qu'un clairon. — Quelques renseignements sur cet instrument.

Le clairon est un instrument de musique en cuivre spécialement en usage dans les troupes à pied.

Il sert, soit à cadencer le pas dans la marche, soit à transmettre les commandements à de grandes distances au moyen de sonneries réglementaires.

La musique du clairon s'écrit en clef de sol, le ton de cet instrument est *si bémol*.

Les lèvres transmettent le son à l'instrument au moyen de l'embouchure.

L'embouchure doit être de moyenne grosseur.

Elle se place sur le milieu de la bouche, serre fortement la lèvre supérieure qui lui sert de point d'appui, et laisse vibrer à volonté la lèvre inférieure.

Le gosier ne sert qu'à donner passage à l'air nécessaire.

Pour produire les notes aiguës, il faut exercer une légère pression sur l'embouchure, et disjoindre les lèvres pour les notes graves.

Le clairon ne possède aucun mécanisme pour déterminer les différents sons; la pression des lèvres, jointe au mouvement de la langue, permet seule ces changements.

L'embouchure du clairon ne se place pas directement sur l'instrument, elle s'adapte à un tube droit et immobile, pouvant s'allonger à volonté. Ce tube est la coulisse d'accord du clairon; il sert, par suite, à en régler le diapason.

L'instructeur apprend ensuite à l'élève la position du clairon prêt à sonner.

Position du clairon prêt à sonner.

Les talons sur la même ligne et joints, la pointe des pieds en dehors. Tenir le clairon de la main droite, vers le milieu de la grosse branche, élever le pavillon à hauteur de la bouche, appuyer fortement l'embouchure sur la lèvre supérieure, le coude droit à dix centimètres au-dessous de l'épaule, la petite branche du clairon renversée sur le poignet.

Lorsque l'élève possède bien les notions précédentes, l'instructeur commence à lui faire *filer les sons*. Il exige que l'élève les produise avec égalité et lui en fait peu à peu augmenter et diminuer insensiblement le volume. A chaque nouvelle note, il fait renouveler le coup de langue, attache beaucoup de soin à ce que l'élève la produise nette et sonore, et, enfin, surveille tout particulièrement la mesure.

Ces premiers exercices sont répétés souvent, et chacun d'eux doit avoir peu de durée.

Ainsi exécuté, ce travail fortifie les lèvres sans les atiguer.

L'instructeur doit s'attacher à ce que l'élève ne souffle jamais au point de se fatiguer la poitrine; il cherche à lui faire acquérir, dès le début, la légèreté d'exécution indispensable pour sonner convenablement du clairon.

Pour donner un son, il faut rapprocher l'embouchure des lèvres et faire mouvoir la langue comme si l'on voulait lancer un morceau de fil dans l'instrument, en ayant soin de prononcer la syllabe *ta;* ce mouvement s'appelle *coup de langue.*

Toutes les notes s'attaquent de la même manière; toutefois il faut que l'élève évite d'articuler la syllabe *ta* avec le gosier ou la poitrine, car il ne produirait alors qu'un son dépourvu de justesse et de pureté.

L'instructeur doit bien veiller aussi à ce que l'élève ne gonfle pas les joues et ne fasse aucune grimace.

Il devra placer lui-même l'embouchure sur les lèvres de l'élève, en ayant soin de maintenir le pavillon droit devant lui et insensiblement penché vers la terre. Cette dernière recommandation a pour but d'obliger l'instrument à fournir la plus grande sonorité.

Le sol (placé sur la deuxième ligne) sort très-facilement. C'est par cette note que devra être commencée l'étude de l'instrument.

La première leçon comprendra, outre les principes ci-dessus détaillés, la gamme entière du clairon, c'est-à-dire les cinq notes *do, sol, do, mi, sol*. On ne fera exécuter qu'une note par mesure, et l'élève devra bien marquer le pas; sous aucun prétexte, il ne devra être autorisé à faire d'autres sonneries que celles ainsi indiquées, car il contracterait, sans cela, de mauvaises habitudes.

L'élève ne devra passer à une autre leçon que lorsqu'il exécutera très-bien celle qu'on lui enseigne.

1re LEÇON.

(Cette leçon exige quinze jours).

Mesure à deux temps, une note par mesure.

Exécution de la 1re leçon.

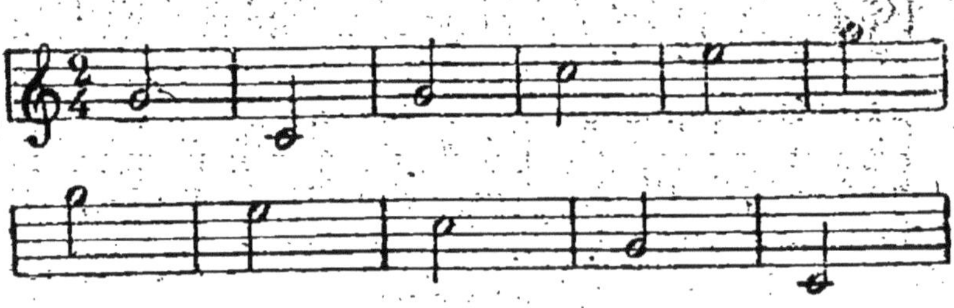

2e LEÇON.

(Cette lecon exige huit jours).

La deuxième leçon comprendra une note par temps, c'est-à-dire deux par mesure.

L'instructeur devra veiller à ce que l'élève attaque franchement ces notes.

Exécution de la 2e leçon.

3e LEÇON.

(Cette leçon exige huit jours).

Dans la troisième leçon, l'instructeur fera faire à l'élève deux notes pour le premier temps de chaque mesure et une pour le deuxième (deux croches pour le premier temps, une noire pour le deuxième).

Bien faire détacher les croches.

Exécution de la 3e leçon.

4e LEÇON.

(Cette leçon exige huit jours).

Même valeur de notes, mais les varier d'une façon représentée par la figure d'exécution.

Exécution de la 4e leçon.

5e LEÇON.

(Cette leçon exige dix jours).

Deux doubles-croches et une croche pour le premier temps de chaque mesure et une noire pour le deuxième.

L'instructeur aura soin de bien faire détacher les deux doubles-croches du premier temps.

Exécution de la 5e leçon.

6e LEÇON.

(Cette leçon exige cinq jours).

Mesure à six-huit, trois croches pour le premier temps de chaque mesure et une noire pointée pour le deuxième.

Exécution de la 6e leçon.

7e LEÇON.

(Cette leçon exige huit jours).

Quatre doubles-croches pour le premier temps de chaque mesure et une noire pour le deuxième.

L'instructeur veille à ce que l'élève prononce bien les coups de langue.

Exécution de la 7e leçon.

8e LEÇON.

(Cette leçon exige six jours).

Même valeur des notes en les variant ainsi que le représente la figure d'exécution.

Exécution de la 8e leçon.

9e LEÇON.

(Cette leçon exige huit jours).

Monter et descendre progressivement la gamme conformément à la figure d'exécution suivante.

L'instructeur fera bien prononcer chaque coup de langue.

Exécution de la 9e leçon.

10e LEÇON.

(Cette leçon exige huit jours).

L'instructeur fera répéter à l'élève toutes les leçons précédentes, en ayant soin de les exécuter lui-même au préalable, afin de bien montrer à celui qu'il instruit qu'il doit sonner avec légèreté, sans fatigue et sans effort.

2e CLASSE.

(Cette classe durera 60 jours).

Les sonneries réglementaires sont le travail de la deuxième classe.

L'instructeur les fera exécuter dans l'ordre suivant :

Le rappel aux clairons. — L'appel aux caporaux, aux fourriers, aux sergents, aux sergents-majors, à l'école élémentaire. — La soupe. — L'extinction des feux. — Le réveil.—Le refrain des quatre compagnies.—La visite. — Le rappel. — La générale. — La messe. — Ouvrir le ban. — Fermer le ban. — Aux champs.

(*Ecole de tirailleurs*). En avant. — Halte. — Commencez le feu. — Cessez le feu. — En retraite. — Par le flanc droit. — Par le flanc gauche — Ralliement sur la réserve. — Ralliement sur le bataillon. — Changement de direction à droite. — Changement de direction à gauche. — Baïonnette au canon. — Remettez la baïonnette. — Ralliement par escouade. — Ralliement par demi-section. — Ralliement par section. — Couchez-vous. — Levez-vous. — En tirailleurs. — Le rappel général. — Le réveil de campagne. — Le branle-bas de combat. — Le pas gymnastique. — La berloque. — La théorie pratique des sous-officiers et caporaux. — L'assemblée. — Au drapeau. — Le pas accéléré. — Le pas de charge. — Le pas de course. — La retraite de pied ferme. — Retraite en échelon par la droite. — Retraite en échelon par la gauche. — Marche du bataillon. — Refrains des bataillons.

L'instructeur fera répéter à chaque nouvelle leçon les sonneries qu'il aura déjà apprises à l'élève, afin que celui-ci ne les oublie jamais.

Il aura soin de les exécuter lui-même plusieurs fois avant de les faire sonner par l'élève.

Il veillera à ce que dans l'exécution de ces sonneries, l'élève détache les notes très-franchement, et à ce que le pavillon de son clairon soit placé bien droit devant lui, afin que les sonneries s'étendent le plus loin possible.

La deuxième classe demandera deux mois complets de travail.

1re CLASSE.

(Cette classe demande 90 jours).

Le travail de cette classe se compose de 20 marches de retraite, 40 marches de pas accéléré et de défilés (ces défilés seront exécutés avec les tambours).

Les marches seront, au préalable, numérotées par

l'instructeur et apprises à l'élève dans l'ordre de ces numéros.

Chaque marche ou défilé demandera un jour ; soit, en tout, 74 jours.

Quand l'élève sera arrivé à ce degré d'instruction, on lui fera repasser toutes les sonneries, sans suivre aucun ordre, et en essayant de le surprendre. Cette dernière étude durera seize jours.

La durée de la 1re classe est donc de trois mois.

RÉCAPITULATION

DE LA DURÉE DES LEÇONS

DURÉE DES CLASSES

Durée totale de l'instruction

3e Classe.

1re Leçon	15 jours.
2e Leçon	8 jours.
3e Leçon	8 jours.
4e Leçon	8 jours.
5e Leçon	10 jours.
6e Leçon	5 jours.
7e Leçon	8 jours.
8e Leçon	6 jours.
9e Leçon	8 jours.
10e Leçon	8 jours.
Durée de la 3e classe	84 jours.

2e Classe.

Durée de la 2e classe	60 jours.

1re Classe.

Durée de la 1re classe	90 jours.
Durée totale de l'instruction	234 jours.

THÉORIE

PAR LEÇONS

pour l'instruction des élèves tambours.

3e CLASSE.

Batteries.

Avant d'apprendre à l'élève à battre, il faut lui faire prendre la position du tambour prêt à battre.

Position du tambour prêt à battre.

Les talons sur la même ligne et joints, le corps d'aplomb, les baguettes de la manière suivante :

La baguette de la main droite à pleine main, celle de la main gauche entre le pouce et les deux premiers doigts, les deux autres doigts en dessous.

1re LEÇON.

(Cette leçon exige deux mois (60 jours).

Roulement.

Le roulement se compose de deux coups de baguette donnés de chaque main, et alternativement pendant un temps plus ou moins long, en commençant et finissant par la main droite.

On le fait d'abord exécuter doucement à l'élève, jusqu'à ce qu'il ait les bras un peu déliés, ensuite, on le fait aller plus vite, tout en lui faisant conserver le même intervalle entre chaque coup.

Lorsque l'élève fait à peu près le roulement, on lui fait *écraser* un peu ses coups jusqu'à ce qu'il le fasse bien.

L'instructeur doit bien veiller à ce que l'élève ne prenne pas de mauvais tours de bras, ni de mauvaises tenues de baguette ; car, l'élève éprouvant toujours, dans les débuts, mal aux mains et aux épaules, est enclin, par cela même, à ces défectuosités.

2e LEÇON.

(Cette leçon exige dix jours).

Les Flas.

Les flas se font par deux coups de baguette donnés en même temps, dont l'un fort et l'autre faible.

Pour faire le fla de la main droite, on élève la baguette de la main droite en déployant le bras, tandis que celle que tient la main gauche n'est portée qu'à cinq centimètres au-dessus de la caisse. Les deux coups sont donnés en même temps.

Pour faire le fla de la main gauche, on déploie le bras gauche et l'on élève la baguette que tient la main droite à cinq centimètres au-dessus de la caisse. On donne les deux coups en même temps.

3e LEÇON.

(Cette leçon exige dix jours).

Le ra de cinq.

Le ra de cinq se compose d'un fla de la main droite, suivi d'un coup simple de la même main, de deux coups simples de la main gauche et d'un coup simple de la droite.

L'instructeur doit exiger que l'élève compte en lui-même, un, deux, trois, quatre, cinq, et qu'il conserve le même intervalle entre chaque coup, Ensuite, il le fait aller plus vite, et lorsqu'il exécute bien le ra de cinq, il lui fait marquer le pas.

4e LEÇON.

(Cette leçon exige quinze jours).

Le pas accéléré.

Le pas accéléré se compose de ras de cinq et de flas dans l'ordre suivant :

Un ra de cinq, six flas, deux ras de cinq, quatre flas, deux ras de cinq, huit flas, un ra de cinq et deux flas.

L'instructeur doit faire faire à l'élève les flas deux à deux, de manière que, lorsqu'il saura battre le pas accéléré, il fasse, en marquant le pas, deux flas sur chaque pied.

Lorsque l'instructeur voit que l'élève n'est pas assez intelligent pour faire de suite la batterie en entier, il sépare cette batterie en deux, ne fait battre d'abord que la première moitié, et ne passe à la deuxième que lorsque l'élève sait bien la première.

5e LEÇON.

(Cette leçon exige huit jours).

Le coup de charge.

Le coup de charge se bat par deux coups de baguette, un de chaque main, dont l'un fort et l'autre faible.

Pour faire le coup de charge de la main droite, déployer la baguette de la main droite, celle de la main gauche élevée à cinq centimètres de la caisse, donner les deux coups de baguette, celui de droite le premier et sec, celui de gauche à très-peu de distance et faible.

Lorsque l'élève prononce bien les coups, l'instructeur lui fait marquer le pas.

6e LEÇON.

(Cette leçon exige dix jours).

La générale.

La générale se compose d'un coup de baguette de la main droite, suivi d'un coup de charge, de quatre coups simples en commençant de la main gauche, et d'un ra de cinq suivi d'un coup simple (ce ra et ce coup simple doivent être répétés quatre fois).

7e LEÇON.

(Cette leçon exige dix jours).

Le ra de neuf.

Le ra de neuf se compose d'un fla de la main droite, d'un coup simple, de deux coups simples de la main gauche, de deux de la droite, de deux de la gauche, et d'un de la droite.

L'instructeur doit exiger que l'élève compte en lui-même jusqu'à neuf. Il ne doit faire marquer le pas à l'élève qu'en faisant précéder le ra d'un coup simple. Le ra de neuf se prend sur le pied droit. Il sert très-peu, il n'est employé que pour la retraite.

8e LEÇON.

(Cette leçon exige quinze jours).

La retraite.

La retraite comporte les batteries suivantes, dans l'ordre ci-après indiqué :

Un fla de la main droite, un ra de neuf, une pause,

un fla de la main droite, un autre de la même main, un fla de la main gauche, un fla de la main droite (bien détacher le premier fla des trois autres), une pause, trois flas en commençant de la main gauche, une pause, un ra de cinq, deux flas (un de la main gauche, l'autre de la main droite), trois autres flas en partant de la main droite (laisser un intervalle entre ces trois flas et les deux précédents), deux autres flas, un de la main gauche et l'autre de la droite (laisser un intervalle entre les deux derniers flas et les trois précédents).

L'instructeur doit battre souvent la retraite devant l'élève, afin de bien lui apprendre quelle doit être la durée des pauses et de l'intervalle.

9e LEÇON.

(Cette leçon exige huit jours).

Le ra de trois.

Pour exécuter le ra de trois de la main gauche, donner deux coups de baguette de la main gauche et un de la droite.

Il faut, pour l'exécution de ce ra, serrer les deux coups de la main gauche et donner aussitôt celui de la droite.

Le ra de trois de la main droite est fait par les moyens inverses.

10e LEÇON.

(Cette leçon exige quinze jours).

Le rappel.

Pour battre le rappel, exécuter un fla de la main droite, un ra de trois de la main gauche, puis un fla de la main gauche, etc. L'instructeur doit bien faire détacher les coups à l'élève et lui faire comprendre, lorsqu'il commence à battre le rappel, que le ra de trois doit se trouver le dernier. Il lui fera donc, dès lors, finir le rappel sur ce ra.

Lorsque l'élève exécute bien, l'instructeur lui fera marquer le pas.

L'instructeur doit veiller à ce que l'élève lève bien ses bras et détache bien les coups. Lorsqu'il voit que l'élève perd la cadence, il lui fait recommencer le détail.

11e LEÇON.

(Cette leçon exige quinze jours).

Le drapeau.

Pour exécuter cette leçon, l'instructeur fait faire à l'élève les batteries suivantes :

Un fla de la main droite, suivi du détail du ra de cinq, deux flas de la main droite et un coup simple de la main gauche, un fla de la main droite (laisser un léger intervalle entre ce fla et les autres coups), un fla de la main droite, un ra de neuf, et quatre flas, dont deux de la main droite, un de la gauche et un de la droite. (Laisser un intervalle entre ces quatre flas et le ra de neuf).

12e LEÇON.

(Cette leçon exige huit jours).

La messe.

La messe se bat par deux ras de cinq (un léger invalle entre ces deux ras), trois flas, en commençant de la main droite, un ra de cinq, et un fla de la main droite.

13e LEÇON.

(Cette leçon exige sept jours).

Aux champs.

Pour battre aux champs, exécuter un ra de cinq,

un fla de la main droite (détacher ce fla du ra de cinq), trois flas, en commençant par un fla de la main droite, et détachant ces flas du fla précédent ; répéter une fois ces batteries pour former la première reprise. Exécuter ensuite un ra de cinq, deux flas en commençant par un fla de la main gauche, et répéter une fois ces batteries pour former la dernière reprise.

14e LEÇON.

(Cette leçon exige huit jours).

Le ban.

Faire battre cinq flas (un de la main droite, un de la gauche, un de la droite, un de la gauche et un de la droite) en faisant lier ces cinq flas, laisser un intervalle, et faire cinq autres flas, laisser un deuxième intervalle et refaire cinq nouveaux flas. Ces diverses batteries constituent la première reprise. Répéter trois fois cette reprise en faisant une pause à chaque fois, et terminer par un ra de cinq.

15e LEÇON.

(Cette leçon exige dix jours).

La berloque.

Un ra de cinq, trois coups simples, commençant par un coup de la main gauche, un intervalle, un fla de la main droite suivi d'un coup simple, un autre intervalle, enfin deux coups simples, un de la main gauche et un de la droite.

L'instructeur doit toujours faire battre la berloque ains qu'elle est indiquée et ne jamais la doubler.

2e CLASSE.

16e LEÇON.

(Cette leçon exige dix jours).

L'assemblée accélérée.

L'assemblée accélérée se bat de la manière suivante :

Deux flas de la main droite, un de la main gauche, un ra de cinq (ce fla et ce ra bien détachés des autres), quatre flas en commençant de la main gauche (le dernier détaché des trois précédents), une pause, quatre flas dont deux de la main droite, un de la gauche et un de la droite (ces flas doivent être liés et faits lentement), deux flas, un de la main gauche et un de la droite, un ra de cinq (ces deux flas et ce ra doivent être faits lentement et détachés des quatre flas précédents), quatre flas commençant de la main gauche (ces flas doivent être liés et faits lentement), enfin deux flas, un de la main gauche et un de la droite (ces derniers flas doivent être faits lentement et détachés des précédents).

17e LEÇON.

(Cette leçon exige dix jours).

Le drapeau accéléré.

Un fla de la main doite, cinq coups simples dont un de la main droite, puis un de la gauche (le fla et les trois premiers coups doivent être faits lestement), deux coups simples, un de la main gauche, puis un de la droite (détachés des premiers et plus lentement faits), une pause, un fla de la main droite, et trois coups simples dont deux de la main droite et un de la main gauche (ces coups simples et ce fla doivent être liés), un fla de la main droite (détaché des autres coups), une pause, un fla de la main droite et un ra de neuf, une pause, enfin quatre flas, dont deux de la main droite, un de la gauche et un de la droite (les trois premiers flas doivent être liés et lestement faits, le dernier détaché et exécuté lentement).

18e LEÇON.

(Cette leçon exige deux jours).

Le rappel accéléré.

Le rappel accéléré se bat par un fla de la main droite, un ra de trois de la main gauche, et un fla de la même main.

Recommencer les mêmes batteries en laissant un intervalle.

19e LEÇON.

(Cette leçon exige six jours).

La messe accélérée.

Un ra de cinq, une pause, un autre ra de cinq et deux flas, un de la droite et un de la gauche, un intervalle, un fla de la main droite, un ra de cinq et un fla de la main droite.

20e LEÇON.

(Cette leçon exige quinze jours).

La retraite de pied ferme.

La retraite de pied ferme se bat par un fla de la main droite, un ra de neuf, quatre flas, deux de la main droite, un de la gauche et un de la droite, trois autres flas, un ra de cinq et deux flas, enfin cinq flas en commençant de la main droite.

2

21e LEÇON.

(Cette leçon exige vingt jours).

Le coup anglais.

Le coup anglais se bat : celui de la main gauche, par un coup simple et un fla de cette main ; celui de la main droite, par un coup simple et un fla de cette dernière main.

L'instructeur doit veiller à ce que l'élève ne batte pas trop fort le coup simple qui précède le fla, et à ce qu'il déploie bien le bras en commençant le coup anglais.

22e LEÇON.

(Cette leçon exige huit jours).

Le pa-ta-fla-fla.

Le pa-ta-fla-fla se bat par un coup simple de la main gauche, un de la droite, un fla de la main gauche et un de la droite.

L'instructeur, lorsqu'il fait battre le pa-ta-fla-fla à l'élève, ne doit lui faire marquer le pas qu'en faisant précéder cette batterie d'un ra de cinq.

23e LEÇON.

(Cette leçon exige dix jours).

Les ras de trois (suivis de deux coups de baguette).

Les ras de trois des deux mains, suivis de deux coups de baguette, se font par un ra de trois de la main gauche, un coup de baguette de la main droite, un de la main gauche, un ra de trois de la main droite, un coup de baguette de la main gauche et un de la droite.

24e LEÇON.

(Cette leçon exige quinze jours).

Le pas accéléré double.

Le pas accéléré double se compose des batteries suivantes :

Deux ras de cinq, quatre coups anglais, deux ras de cinq, quatre coups anglais, deux ras de cinq, huit coups anglais, deux ras de trois, deux coups simples, un ra de cinq, un pa-ta-fla-fla, quatre coups anglais, deux ras de cinq, quatre coups anglais, deux ras de cinq, huit coups anglais, enfin deux ras de trois, suivis de deux coups simples.

L'instructeur ne doit d'abord faire battre à l'élève le pas accéléré double que très-lentement.

Lorsqu'il lui fait marquer le pas, il doit le faire d'abord à une cadence lente, puis arriver progressivement à celle du pas accéléré.

25e LEÇON.

(Cette leçon exige huit jours).

Le ra de sept.

Le ra de sept se bat par un fla de la main gauche, un coup simple, deux coups simples de la main droite, deux de la gauche et un de la droite.

L'instructeur ne doit jamais faire serrer le ra de sept comme les ras précédents, celui-ci ne servant que détaillé.

OBSERVATIONS GÉNÉRALES

POUR LES LEÇONS SUIVANTES

Les leçons suivantes, composées surtout de marches, ne comportent que des coups anglais, des pata-fla-fla, des ras de trois, des ras de cinq, et des ras de sept.

L'instructeur ne doit enseigner les marches que reprise par reprise, et ne passer à la deuxième reprise que lorsque l'élève sait très-bien la première.

26e LEÇON.

(Cette leçon exige dix jours).

La 1re marche.

27e LEÇON.

(Cette leçon exige dix jours).

La 2e marche.

28e LEÇON.

(Cette leçon exige trente jours).

Les 3 marches de retraite.

29e LEÇON.

(Cette leçon exige quinze jours)

Le chant accéléré double.

30e LEÇON.

(Cette leçon exige trente jours).

L'ordonnance du quartier.

31e LEÇON.

(Cette leçon exige vingt jours).

Le réveil.

1re CLASSE.

32e LEÇON.

(Cette leçon exige deux mois).

6 marches.

33e LEÇON.

(Cette leçon exige deux mois).

Les marches avec les clairons.

34e LEÇON.

(Cette leçon exige quinze jours).

Les batteries pour l'exercice du canon.

OBSERVATION GÉNÉRALE

POUR LES TROIS CLASSES D'ÉLÈVES TAMBOURS

L'instructeur doit faire repasser constamment à l'élève les leçons qu'il a déjà apprises, de manière qu'il ne les oublie jamais.

Lorsque l'élève est arrivé à l'ordonnance et aux marches, l'instructeur doit le faire battre souvent avec un breveté ou un tambour plus fort que lui.

RÉCAPITULATION

DE LA DURÉE DES LEÇONS

DURÉE DES CLASSES

Durée totale de l'instruction

3e Classe.

1re Leçon.	60 jours.
2e Leçon.	10 jours.
3e Leçon.	10 jours.
4e Leçon.	15 jours.
5e Leçon.	8 jours.
6e Leçon.	10 jours.
7e Leçon.	10 jours.
8e Leçon.	15 jours.
9e Leçon.	8 jours.
10e Leçon.	15 jours.
11e Leçon.	15 jours.
12e Leçon.	8 jours.
13e Leçon.	7 jours.
14e Leçon.	8 jours.
15e Leçon.	10 jours.
Durée de la 3e classe.	209 jours.

2e Classe.

16e Leçon.	10 jours.
17e Leçon.	10 jours.
18e Leçon.	2 jours.
19e Leçon.	6 jours.
20e Leçon.	15 jours.
21e Leçon.	20 jours.
22e Leçon.	8 jours.
23e Leçon.	10 jours.
24e Leçon.	15 jours.
25e Leçon.	8 jours.
26e Leçon.	10 jours.
27e Leçon.	10 jours.
28e Leçon.	30 jours.
29e Leçon.	15 jours.
30e Leçon.	30 jours.
31e Leçon.	20 jours.
Durée de la 2e classe.	219 jours.

1re Classe.

32e Leçon.	60 jours.
33e Leçon.	60 jours.
34e Leçon.	15 jours.
Durée de la 1re classe	135 jours.
Durée totale de l'instruction.	563 jours.

(Soit 18 mois et 23 jours.)

Nota. — Les jours, dans les supputations précédentes, comportent 4 heures de travail.

lo
po
han
la
la
dro
poi
zon
lan
haut
éten
poin
bon
natu
men
étend
tion

SIGNAUX DE CANNE

POUR

les sergents et caporaux tambours.

---

1. La générale. — Etendre le bras droit, empoigner la canne au milieu, et élever la pomme à hauteur du cou.

2. L'assemblée. — Etendre le bras droit, élever la canne à $0^{m},35^{c}$ de terre, en mettant le pouce sur la pomme.

3. Le rappel. — Mettre la canne sur l'épaule droite, le bout en arrière.

4. Au drapeau. — Elever le bras, tourner le poignet en dedans, de façon que la canne soit horizontalement devant soi à hauteur du cou.

5. Aux champs. — Elever la canne perpendiculairement, le bout en haut, le bras droit étendu à hauteur de l'épaule.

6. Pas accéléré. — Elever la canne, le bras droit étendu, la paume de la main tournée en avant, la pomme de la canne au-dessus de l'épaule droite, le bout de la canne à hauteur et devant la poignée du sabre.

7. Pas de charge. — Porter la canne directement devant soi, le bout en avant, l'avant-bras droit étendu, le coude en arrière et indiquer l'accélération du pas en agitant la main droite.

8. Le réveil. — Prendre la canne de la main gauche et mettre le pouce sur la pomme à hauteur de l'épaule gauche.

7. La retraite. — Passer la canne croisée derrière le dos.

10. Le ban. — Passer diagonalement la canne devant la figure, la pomme à droite, les doigts en dessus et appuyer le jonc dans la saignée du bras gauche que le bout de la canne doit dépasser de 33 centimètres.

11. La messe. — Porter la pomme de la canne sur l'épaule droite.

12. La berloque. — Prendre la canne par le cordon et étendre le bras à hauteur de l'épaule.

13. Le roulement. — Etendre le bras droit et agiter vivement le bras et la canne.

SIGNAUX

Pour les évolutions des tambours.

1° Pour faire marcher par le flanc droit, prendre la canne par le milieu et étendre le bras à droite.

2° Pour faire marcher par le flanc gauche, faire le même signal en étendant le bras à gauche.

3° Pour faire rompre le peloton, laisser tomber le bout de la canne dans la main gauche à hauteur des yeux.

4° Pour former le peloton, laisser tomber la pomme de la canne dans la main gauche à hauteur des yeux.

5° Pour faire changer de direction, se tourner à demi devant les tambours et leur indiquer par un mouvement de la canne de quel côté ils doivent tourner.

6° Pour faire marcher obliquement à droite, étendre le bras droit à hauteur de l'épaule, tenir la canne de biais et empoigner le bout avec la main gauche à hauteur de la hanche.

7° Pour faire marcher obliquement à gauche, faire le signal en sens inverse ; la pomme de la canne indique toujours le côté vers lequel on doit obliquer.

Poser la caisse à terre.

3 MOUVEMENTS.

1° Remettre les baguettes. — Empoigner la canne au-dessous de la pomme, l'élever à hauteur des yeux en étendant le bras en avant.

2° Défaire la caisse. — Rapprocher la pomme contre la poitrine.

3° Poser la caisse à terre. — Comme pour remettre les baguettes.

Relever la caisse.

Même mouvement que pour remettre la caisse à terre.

TABLE DES SONNERIES

1 Rappel aux clairons.
2 L'appel.
3 Sergents-majors.
4 Sergents.
5 Fourriers.
6 Caporaux.
7 Ecole élémentaire.
8 Extinction des feux.
9 La soupe.
10 La visite.
11 Le rappel.
12 L'assemblée.
13 La générale.
14 Au drapeau.
15 La messe.
16 Aux champs.
17 Pas accéléré.
18 La charge.
19 Le ban.
20 Garde à vous.
21 Fermez le ban.
22 Le réveil.
23 Pas gymnastique.
24 La berloque.
25 La diane.
26 La retraite de pied ferme.
27 Le rappel général.
28 Refrain, 1re compagnie.
29 id. 2e id.
30 id. 3e id.
31 id. 4e id.

32 Refrain, 1er bataillon.
33 id. 2e id.
34 id. 3e id.
35 id. 4e id.
36 A l'ordre.
37 Baïonnette au canon.
38 Remettre la baïonnette.
39 En tirailleurs.
40 En avant.
41 En retraite.
42 Marche par le flanc droit.
43 Marche par le flanc gauche.
44 Halte.
45 Commencez le feu.
46 Cessez le feu.
47 Changement de direction à droite.
48 Changement de direction à gauche.
49 Couchez-vous.
50 Levez-vous.
51 Ralliement par escouade.
52 Ralliement par demi-sections.
53 Ralliement par sections.
54 Ralliement sur la réserve.
55 Ralliement sur le bataillon.
56 Rassemblement sur le bataillon.
57 Marche des zouaves.

Marches de pas accélérés, numérotées de 1 à 40.
Marches de retraite, numérotées de 1 à 20.
6 *Défilés*.

SONNERIES

1

2

3

4

5

6

7

8

9
10
11
12

13

14

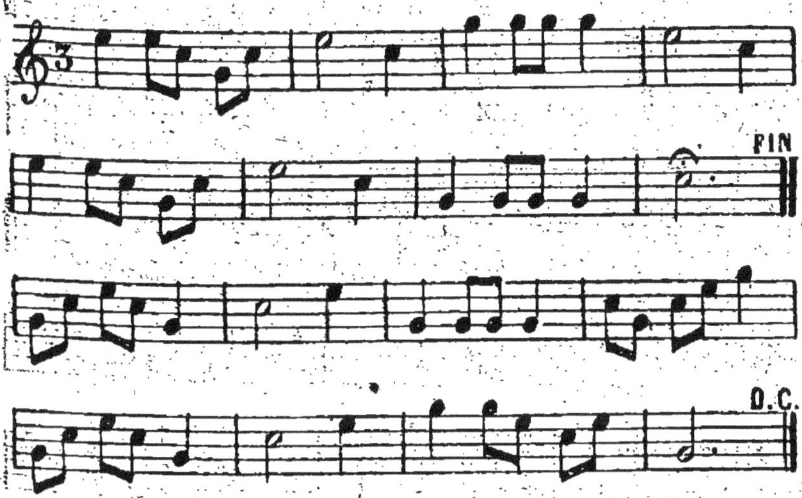

15

16
17
18
FIN.

19

20

21

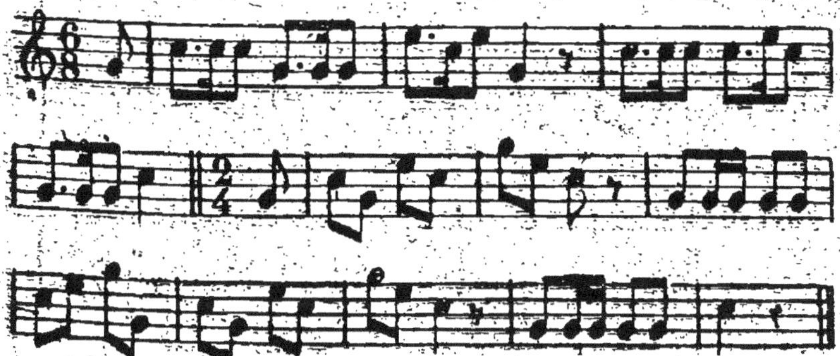

22

23

24

25

26

27

28
29
30
31
32
33
34
35

36

SONNERIES DE TIRAILLEURS

37

38

39

40

41

42

43

44

45

46

47

48

52
53
54
55

57

MARCHES DE PAS ACCÉLÉRÉS

1

2

3

4

6

7

5
1re fois.
2e fois.
1re fois.
2e fois.
6
1re fois.
2e fois.
7

8

9

10

11

12

13
14
15
1re fois
2e fois

1re fois.
2e fois.
16
17
18

19

20

21
22
23

24

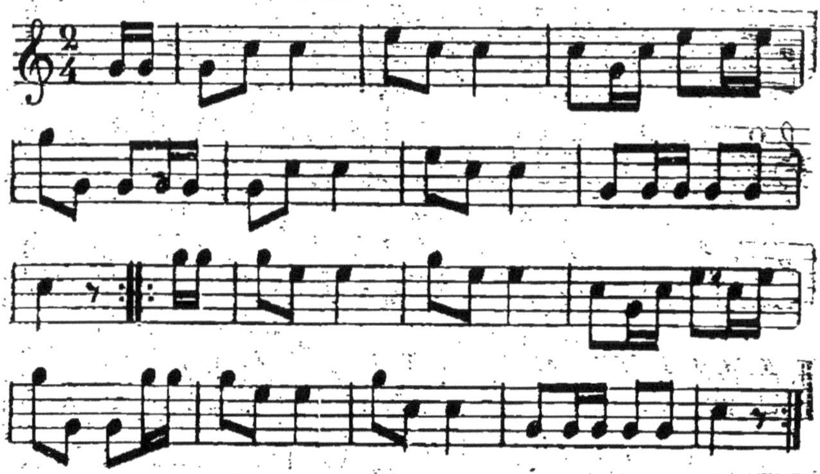

25

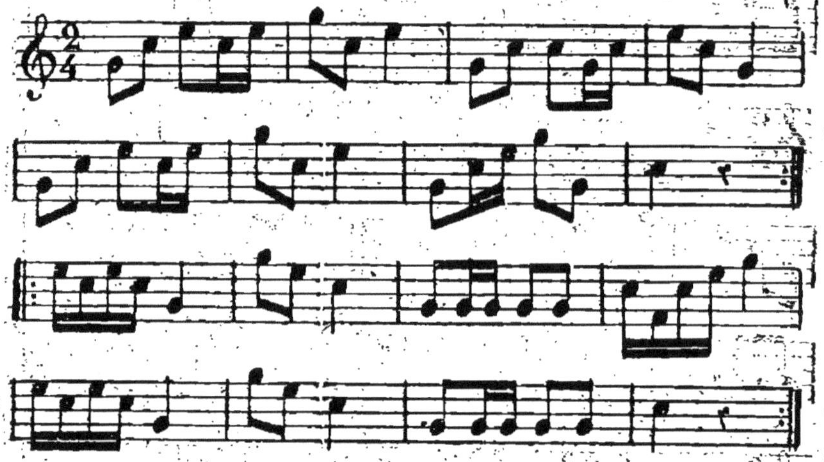

26

27
28
29
1re fois.
2e fois.

30

31

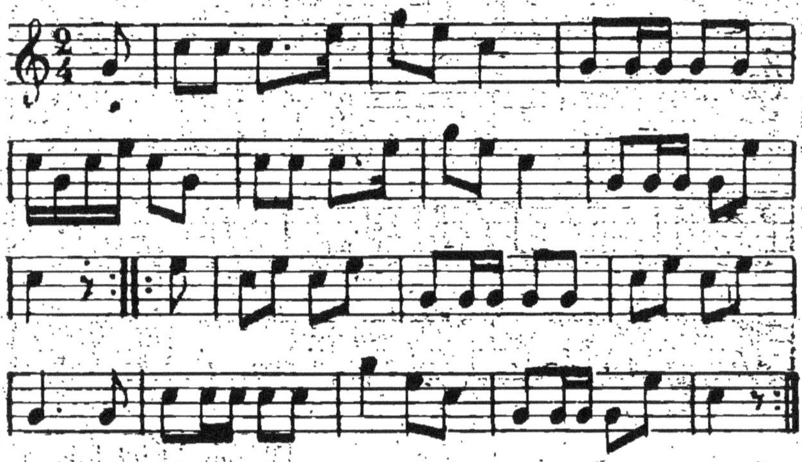

32

33

34

35

36

37

38
39
40
1re fois.
2e fois.

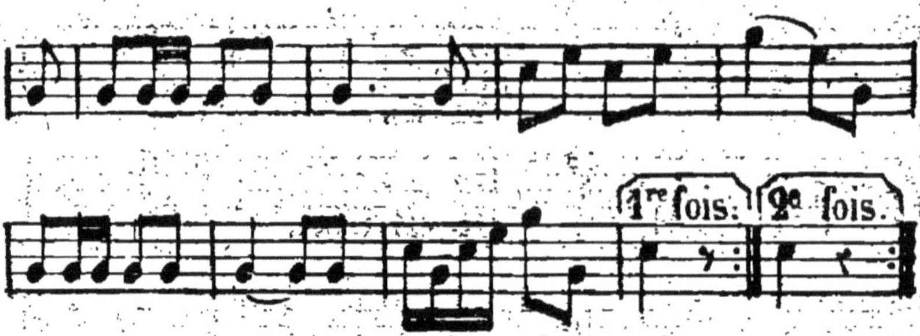
1re fois.
2e fois.

MARCHES DE RETRAITE

1

2

16
17

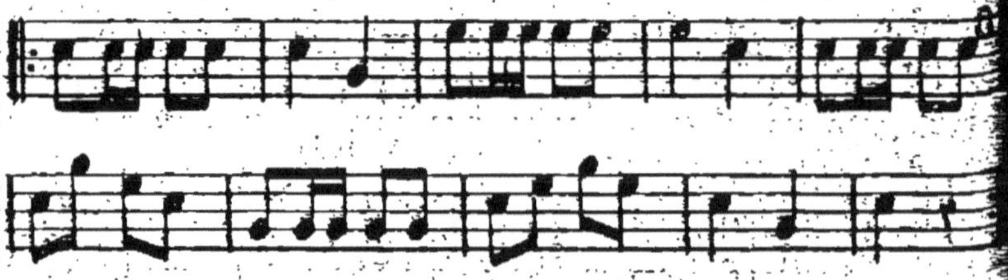

8

9

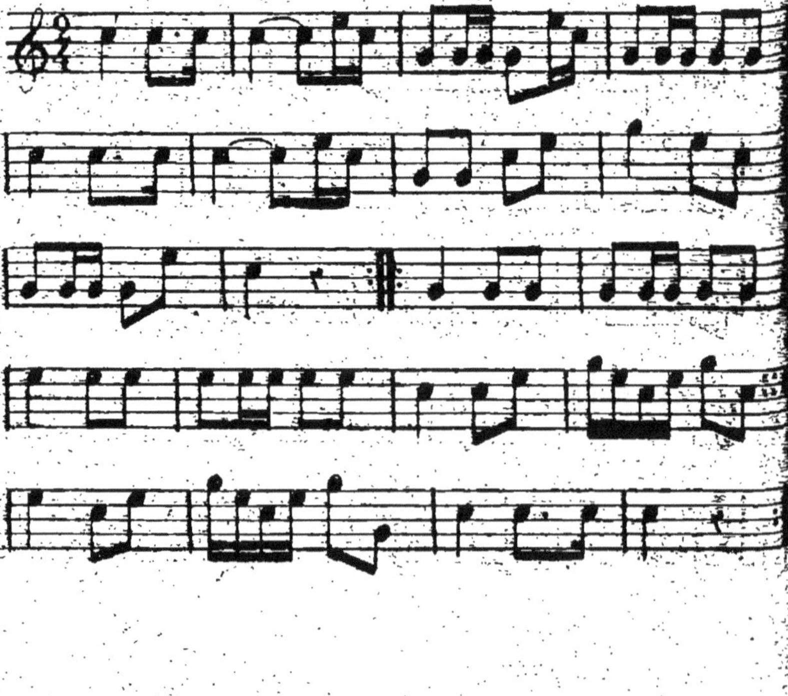

10

11

12

13
1re fois.
2es fois.
1re fois.
2es fois.
14

15
16

17

18

19

20

DÉFILÉS

1

1re fois.
2e fois.
FIN
D.C
2
1re fois.

2e fois.
FIN.
D.C.
1re fois.
2e fois.
FIN.

4

FIN
5
D.C.
6
FIN

BATTERIES DE TAMBOUR

POUR TOUS LES MOUVEMENTS DE SERVICE A BORD DES BATIMENTS.

(Règlement du 24 juin 1870 sur le service à bord).

Ouvrir les sabords. — Rappel dans la batterie suivi d'un roulement et d'un coup de baguette (*tambour*).

Branle-bas du matin. — Roulement prolongé dans la batterie, suivi d'un rigodon (*tambour*) et diane sonnée par les clairons.

Fin du repas. — Roulement dans la batterie (*tambour*).

Propreté du matin. — Rappel ordinaire dans la batterie et sur les gaillards (*tambour et clairon*).

Fourbissage. — Roulement (*tambour*).

Hisser et rentrer les couleurs. — Au drapeau (*tambour et clairon*).

Inspection ordinaire des compagnies. — L'assemblée sur le gaillard d'arrière au pied du grand mât (*tambour et clairon*), roulement suivi d'un coup de baguette (*tambour*) et l'appel (*clairon*).
Deux coups de baguette (*tambour*).
Deux coups de langue (*clairon*).

Prière. — Trois roulements (*tambour*).

Rompre les rangs. — La berloque (*tambour et clairon*).

Inspection n° 1. — Rappel accéléré dans la batterie et sur le pont (*tambour et clairon*). Un roulement indique l'arrivée du capitaine sur le pont.

Inspection n° 2. — L'assemblée (*tambour*) et le rappel ordinaire (*clairon*) sur les gaillards.

Appeler la garde. — Trois coups de baguette (*tambour*) ; trois coups de langue (*clairon*).

Appel du soir aux postes de combat. — Rappel ordinaire (*tambour et clairon*), suivi d'un roulement et d'un coup de baguette.

Branle-bas du soir.— L'assemblée sur le gaillard d'arrière (*tambour et clairon*).

Branle-bas de combat. —La générale en faisant le tour du pont (*tambour et clairon*).

Fin du branle-bas de combat. — La retraite (*tambour et clairon*).

Faire prendre les armes aux compagnies de débarquement. — Rappel ordinaire en marchant sur le pont (*clairon*).

Faire armer en guerre les embarcations. — Au drapeau (*clairon*).

Faire armer en guerre les embarcations, les compagnies de débarquement devant y embarquer. — Après avoir sonné au drapeau, les clairons sonnent le rappel ordinaire en marchant sur le pont.

Incendie général. — La générale sur le pont (*tambour*).

Exercice général du canon. — Rappel accéléré dans la batterie et sur les gaillards (*tambour et clairon*).

Exercice du canon. — Rappel ordinaire dans la batterie et sur les gaillards (*tambour et clairon*).

Exercice du canon pour les tribordais. — Rappel ordinaire suivi d'un coup de baguette (*tambour et clairon*).

Exercice du canon pour les bâbordais. — Rappel ordinaire suivi de deux coups de baguette (*tambour et clairon*).

Virer au cabestan. — Marches (*tambour et clairon*).

BATTERIES ET SONNERIES

POUR LA TRANSMISSION DES COMMANDEMENTS PENDANT LE COMBAT.

(Règlement du 25 juin 1870 sur le service à bord).

Branle-bas de combat. — Battent la générale sur le pont et en font une ou deux fois le tour (*tambour et clairon*).

Armer tribord. — Un ban suivi d'un coup de baguette (*tambour*).

Armer bâbord. — Un ban suivi de deux coups de baguette (*tambour*).

Armer les deux bords. — Le rigodon (*tambour*).

La batterie prévient qu'elle est prête. — Un roulement suivi du nombre de coups de baguette indiquant le numéro de la batterie (*tambour*).

Amorcer, pointer. — Un roulement bref suivi de deux coups de baguette (*tambour*).

Commencer le feu à volonté. — La charge (*tambour*).

Interrompre ou cesser le feu. — Un roulement prolongé (*tambour*).

Mettre fin à l'exercice ou au combat. — La retraite (*tambour et clairon*).

Envoyer en réserve à l'abri les hommes qui ne combattent pas. — Ralliement sur la réserve (*clairon*).

Faire monter les réserves. — Pas gymnastique (*clairon*).

Changement de pointage. — 1re reprise de la diane au point du jour (*clairon*).

Feu préparé à volonté.—La marche des zouaves (*clairon*).

Feu préparé d'ensemble. — 3 roulements espacés (*tambour*).

Exécution des feux. — La charge pour le feu à volonté (*tambour*).

Appels.

La mousqueterie des gaillards. — Rappel (*clairon*).

La mousqueterie d'abordage de bâbord. — Assemblée suivie d'un coup de langue sec (*clairon*).

La mousqueterie d'abordage de tribord. — Assemblée suivie de deux coups de langue secs (*clairon*).

La mousqueterie d'abordage des deux bords.— Assemblée (*clairon*).

La division d'abordage de tribord. -- Rappel ordinaire suivi d'un coup de baguette (*tambour*).

La division d'abordage de bâbord.—Rappel ordinaire suivi de deux coups de baguette (*tambour*).

Les divisions d'abordage des deux bords.—Rappel accéléré (*tambour*).

Les abordages du pont ennemi. — Rappel ordinaire (*tambour*).

Paris. — Imprimerie J. Dumaine, rue Christine, 2.

EXTRAIT DU CATALOGUE

DE LA

LIBRAIRIE MILITAIRE DE J. DUMAINE

chargé de la vente

DES CARTES, PLANS ET OUVRAGES DU DÉPÔT DE LA GUERRE ET DU DÉPÔT DES FORTIFICATIONS

Rue et Passage Dauphine, 30.

ANNUAIRE de la marine et des colonies. 1 vol. in-8. 5 fr.

BERTINETTI. — Appareil porte-amarre de sauvetage, système de M. Bertinetti, de Turin. Paris, 1864, in-8. 2 fr. 50

BLANCHARD, directeur de la comptabilité générale au ministère de la marine. — Répertoire général des lois, décrets, ordonnances, règlements et instructions sur la marine. Paris, impr. nationale, 1849-1859. 3 forts vol. in-8. 45 fr.

Cet ouvrage comprend, jusqu'en juin 1859 : la nomenclature complète des lois, décrets, etc., sur la marine.

BLANCHARD. — Notes extraites du Répertoire général des lois, décrets, ordonnances, règlements et instructions sur la marine. Paris, 1849, in-8. 6 fr.

BLANCHARD. — Manuel financier à l'usage du département de la marine. (Budgets. Crédits supplémentaires et extraordinaires. Comptes. Ordonnancement. Dépenses de l'extérieur. Exercices clos et périmés. Oppositions, saisies-arrêts, etc. Virements. Dispositions diverses, etc., etc.). Paris, impr. nationale, 1860, fort vol. in-8. 20 fr.

BLANCHARD. — Manuel financier à l'usage du département de la marine. 1re édition. Paris, 1847, in-8. 6 fr.

BLANCHARD. — Service des traites de la marine. — Dépenses de l'extérieur (Extrait du manuel financier à l'usage du département de la marine). Paris, impr. nationale, 1860, 1 vol. in-8 6 fr

BLANCHARD. — Notes extraites d'un manuel financier, à l'usage du département de la marine, publié en 1860. Paris, impr. nationale, 1860, 1 vol. in-8. 6 fr.

BONNEFOUX (P.-M.-J., baron de), capitaine de vaisseau. — Séances nautiques, ou Traité élémentaire du vaisseau à la mer. 2e édition, augmentée d'un appendice. Toulon, 1831, 1 vol. in 8 avec 2 planches. 7 fr. 50

BOUET-WILLAUMEZ (le comte E.), contre-amiral. — Batailles de terre et de mer, jusques et y compris la bataille de l'Alma. Paris, 1855, 1 vol. in-8 avec 70 gravures de batailles, vaisseaux, costumes, etc. 9 fr.

BOUET-WILLAUMEZ (comte), vice-amiral. — Questions et réponses au sujet de nos forces navales (juin 1871). Paris, 1871, broch. in-18. 50 cent.

BOUET-WILLAUMEZ (comte), vice-amiral. — Tactique supplémentaire à l'usage d'une flotte cuirassée. Toulon, 1865, 1 vol. in-18 avec de nombreuses figures dans le texte. 2 fr.

BOURELLY (J.), capitaine d'état-major. — Marine militaire de l'Allemagne. — Matériel de la flotte. — Description des côtes de la mer du Nord et de la Baltique. — Des ports et des établissements. — Personnel. (Extr. du *Journal des sciences militaires*). Paris, 1872, broch. in-8. 1 fr. 50

CAVELIER DE CUVERVILLE, lieutenant de vaisseau. — Les bâtiments cuirassés. Paris, 1865, broch. in-8. 1 fr. 50

CAVELIER DE CUVERVILLE, lieutenant de vaisseau. — La défense des côtes. Paris, 1865, broch. in-8. 1 fr.

CHURUCA (C.-D. de), amiral. — Instruction sur le pointage de l'artillerie à bord des bâtiments; traduit de l'espagnol par Charpentier. Rochefort, 1827, broch. in-8 avec planche. 2 fr. 50

CIRCULAIRE du 9 novembre 1847, portant envoi de l'instruction du 8 novembre 1847, sur le mode à suivre tant pour la fourniture des objets nécessaires aux troupes de la marine stationnées en France, que pour la régularisation des dépenses qui y sont relatives, et du cahier des conditions générales du 8 novembre 1847, pour la fourniture du chauffage aux troupes de la marine stationnées en France. Paris, 1868, gr. in-8. 2 fr. 50

CLAVEL (Lucien), agent administratif de la marine. — Table ou Nomenclature générale, par ordre alphabétique, des matières et objets alloués aux bâtiments de la flotte par le règlement d'armement du 15 juillet 1859 (édition de 1862), avec indication du service et des localités où s'opèrent les délivrances, la mise en place, les remises et les réparations, et du comptable qui en est chargé; dressée et publiée avec l'autorisation du Ministre de la marine. Paris, 1864, 1 vol. gr. in-4 oblong. 12 fr.

CODE de justice maritime, comprenant le Code de justice militaire pour l'armée de mer, avec le sénatus-consulte, les décrets d'exécution, les instructions et les formules qui s'y rattachent; le Code d'instruction criminelle; le Code pénal ordinaire; le Code de justice militaire pour l'armée de terre; les lois et décrets sur l'état des officiers, la Légion d'honneur, l'état de siége, la déportation, l'exécution de la peine des travaux forcés, l'abolition de la mort civile, la sûreté de la navigation et du commerce maritime, le décret, loi disciplinaire et pénale pour la marine marchande, avec les instructions et formules y relatives Paris, impr. nationale, 1858, 1 vol. in-8 de 824 pages. 7 fr.

CODE de justice militaire pour l'armée de mer (4 juin 1858); publié avec l'autorisation du Ministre de la marine. 1 vol. in-18. 1 fr.

CODE PÉNAL de la marine anglaise; traduit de l'anglais, et publié avec des additions et des notes, par G. Laignel. Paris, 1837, in-8. 2 fr.

COLES. — Les vaisseaux cuirassés et les monitors. Lettre du capitaine Coles à l'éditeur du *Times*. Paris, 1865, broch. in-8. 1 fr.

COOPER (J.-F.). — Histoire de la marine et des Etats-Unis d'Amérique; traduit de l'anglais par Paul Jessé. Paris, 1845-1846, 4 parties en 2 vol. in-8 avec plans. 10 fr.

CORNULIER (E. de), lieutenant de vaisseau. — Mémoire sur le pointage des mortiers à la mer et sur les améliorations au système des hausses marines. Paris, 1841, broch. in-8 avec planche. 3 fr.

CORNULIER (E. de). — Propositions et expériences relatives au pointage des bouches à feu en usage dans l'artillerie navale. Paris, 1843, 1 vol. in-8. 7 fr. 50

CORRÉARD (J). — Guide maritime et stratégique dans la mer Noire et la mer d'Azof. 1 fort vol. in-8, avec un atlas in-folio, composé de 40 planches, contenant 82 cartes, plans, vues, etc. 1854. 30 fr.

COURANT ÉQUATORIAL (le), traduit de l'anglais par M. Cavelier de Cuverville. Paris, 1867, broch. in-8. 1 fr.

CRISENOY (J. de), ancien officier de marine. — L'École navale et les officiers de vaisseau. Paris, 1864, broch. in-8. 1 fr. 50

(*Extrait de la Revue contemporaine.*)

CUIRASSÉ (le). Turc a réduit Moynî Zaffer et les monitors. Extrait de l'*Army and Navy Journal* (New-York), traduit par M. Cavelier de Cuverville, lieutenant de vaisseau. Paris, 1870, broch. in-8 avec planche. 1 fr. 25

DÉCRET sur le service à bord des bâtiments de la flotte (20 mai 1868). Paris, 1868, in-18. 2 fr. 50

DÉCRET portant règlement sur les allocations de solde et accessoires de solde des officiers, aspirants, employés et divers agents du département de la marine et des colonies (19 octobre 1851). Nouvelle édition, annotée des principales dispositions survenues jusqu'à ce jour. Paris, 1863, in-18. 2 fr. 50

DÉCRET du 29 janvier 1852, déterminant l'uniforme des différents corps de la marine (Extrait du *Bulletin officiel*). Paris, 1853, gr. in-8 avec 20 planches. 2 fr.

DÉCRET sur l'organisation du personnel des équipages de la flotte (5 juin 1856). Paris, 1857, in-18. 2 fr.

DÉCRET portant règlement sur la solde, les revues, l'administration et la comptabilité des équipages de la flotte (11 août 1856), suivi des circulaires ministérielles des 13 et 23 décembre 1856, 20 et 28 janvier; 19 et 21 février 1857. Paris, 1857, in-18. 2 fr.

DÉCRET sur le service intérieur dans les divisions des équipages de la flotte (3 décembre 1856). Paris, 1857, in-18. 2 fr.

DÉFENSE (de la) des côtes en Angleterre, par Alph. de Calonne. Paris, 1859, broch. in-8. 1 fr 50

DOCUMENTS relatifs à la comptabilité de l'emploi des crédits par les directions administratives et à la révision des dépenses mandatées par les ordonnateurs secondaires du département de la marine et des colonies. Paris, imp. nationale, 1850, 1 vol. in-8. 6 fr.

DOCUMENTS relatifs à l'emploi de l'électricité, pour mettre le feu aux fourneaux des mines, et à la démolition des navires sous l'eau. Paris, 1841, broch. in-8 avec planches. 2 fr.

DOUGLAS (le lieutenant-général sir Howard). — Stratégie maritime à vapeur. Ouvrage traduit de l'anglais, par X.-F. Franquet, lieutenant de vaisseau en retraite. Paris, 1862, 1 vol. in-8 cartonné à l'anglaise, avec planche. 7 fr.

DUBOURG, général. — Les principes de l'organisation de la marine de guerre, suivis de vues nouvelles sur la restauration du commerce maritime de la France. Paris, 1848, 1 vol. in-8. 6 fr.

ÉCOLE des sonneries de manœuvres. — Méthode adopté pour l'étude des sonneries dans les bataillons de marins-fusiliers et les compagnies de débarquement à bord des bâtiments de la flotte. 2e édition. Paris, 1864, in-18. 50 c.

ESTACADE flottante (l'). — Essai théorique et pratique par G. de S., officier du génie de la R. Première partie. Paris, 1863, broch. in-8. 2 fr.

EXPÉRIENCES d'artillerie exécutées à Gâvre par ordre du Ministre de la marine, pendant les années 1830, 1832, 1834 à 1840. Paris, 1841, 1 vol. in-4 avec planches. 6 fr.

EXPÉRIENCES (suite des) d'artillerie exécutées à Gâvre, par ordre du Ministre de la marine. Recherches expérimentales sur les déviations des projectiles, suivies d'un mémoire sur les déviations moyennes des projectiles. Paris, 1844, 1 vol. in-4. 3 fr

EXPÉRIENCES d'artillerie exécutées à Lorient à l'aide des pendules balistiques, par ordre du Ministre de la marine. Paris, 1847, 1 vol. in-4 avec tableaux. 4 fr.

EXPÉRIENCES faites à Brest, en janvier 1824, du nouveau système de forces navales proposé par M. Paixhans; suivies des expériences comparatives des canons de 80 avec ceux de 36 et 24, et caronades de ces deux derniers calibres, exécutées en vertu d'une dépêche ministérielle en date du

10 août 1824 ; la première en rade de Brest, sur un ponton servant de batterie, et la deuxième sur une batterie installée à terre pour cet effet. Paris, 1837, broch. in-8. 1 fr. 25

FILLEAU (J.-A.), commissaire de la marine, etc. — Traité de l'engagement des équipages des bâtiments du commerce. 2e édition, refondue, annotée des lois anglaises et augmentée d'un traité de successions maritimes. Paris, 1862, 1 vol. in-8. 7 fr. 50

FRANQUET (F.). — Une solution du problème de l'organisation du personnel-matelot de la marine française, au moyen d'un vaisseau-patron. Vitry, 1859, br. in-4. 1 fr. 50

FRANQUET (F.-X.), lieutenant de vaisseau en retraite. — Le vaisseau-patron, solution du problème de l'organisation du personnel-matelot de la marine française. Paris, 1860, 1 vol. in-8. 2 fr. 50

GOUVERNEMENT (le) de la Marine en France, en Angleterre et aux Etats-Unis. — Sur les plaques de cuirasses. Paris, 1868, broch. in-8. 1 fr.

GRIVEL (Richild), lieutenant de vaisseau. — Attaques et bombardements maritimes, avant et pendant la guerre d'Orient. — Sébastopol — Bomarsund. — Odessa. — Sweaborg. — Kinburn. Paris, 1857, 1 vol. in-8. 3 fr.

GUÉRARD (M.-A.), enseigne de vaisseau — Etudes sur la marine. (Du droit maritime des nations. — Du bassin d'Arcachon. — Des flottes de transport et de débarquement — Une flotte de débarquement. — Du progrès de la marine. — De la guerre de course. — Des batteries navales). Paris, 1862, 1 vol. in-12. 3 fr.

HÉLIE, professeur à l'Ecole du régiment d'artillerie de la marine et rapporteur permanent de la commission de Gâvre. — Traité de balistique expérimentale. 1 vol. in-8 avec figures dans le texte (1865). 12 fr

INDICATEUR alphabétique des décisions ministérielles et des articles des lois, décrets, ordonnances, règlements et instructions qui régissent actuellement les diverses parties du service à bord des bâtiments de l'Etat. Publié avec l'autorisation du Ministre de la marine, par M. Leplat-Duplessis, aide-commissaire de la marine. Paris, 1859 1 vol gr. in-8. 9 fr.

INDICATEUR ALPHABÉTIQUE (Supplément à l'), par Leplat-Duplessis, sous-commissaire de marine, contenant les modifications survenues dans les diverses parties du service à la mer, depuis le 1er janvier 1859 jusqu'au 1er janvier 1867. In-8. 3 fr.

INSCRIPTION MARITIME (sur l'). — Son illégalité, ses vices et les entraves qu'elle met au développement de la marine marchande et du commerce maritime, par Dubourg. Paris, 1848, broch. in-8. 1 fr.

INSTRUCTION pour l'enseignement de la gymnastique dans les divisions des équipages et à bord des bâtiments de la flotte. Publié avec approbation de S. Exc. l'amiral Ministre de la marine et des colonies. Paris, 1868, 1 vol. in-18 avec 88 planches, relié en parch. 2 fr. 50

LABORIA. — Notice sur la défense des côtes maritimes de la France. Paris, 1841, broch. in-8. 1 fr. 50

LA FRUSTON (F. de). — Les navires cuirassés des Etats-Unis et de l'Angleterre. Paris, 1862, broch. in-8 avec planches. 2 fr.

LA FRUSTON (F. de). — Les défenses fixes et les défenses mobiles des côtes de l'Angleterre. Paris. 1863, broch. in-8. 1 fr. 25

LAPORTERIE, capitaine de frégate. — Eléments de tactique, à l'usage des officiers de marine à terre. Paris, 1860, 2 vol. in-18. 5 fr.

L'ÉPERVIER DU QUENNON.—L'Arithmomètre Thomas. Paris, 1863, broch. in-8, avec planche. 2 fr.

LESPINASSE-FONMARTIN (de), officier de marine. — Etude sur la marine militaire. Paris, 1839, 1 vol. in-8. 5 fr.

LIVRE DES SIGNAUX et tactique des embarcations. Paris. 1864, in-18, relié en toile avec planches noires, coloriees. et grand nombre de figures dans le texte. 4 fr

LOBO (don Miguel), capitaine de frégate. — Priviléges et prééminences concédés aux gens de mer dans les XIIIe XIVe, XVe, XVIe et XVIIe siècles. Paris, 1864, broch. in-8. 1 fr 50

LOI du 26 juin 1851, modifiant celle du 18 avril 1831, sur les pensions de l'armée de mer, suivie du tarif des pensions de retraite des officiers et fonctionnaires assimilés, et des autres agents du département de la marine et des colonies; avec ses développements pour tous les grades. Paris, 1861, broch. in-4. 2 fr. 50

LOIS, décrets, règlements et décisions sur l'inscription maritime, les écoles de la marine, les pêches, la navigation commerciale, l'organisation des services de la flotte du régime colonial. — Janvier 1861 à janvier 1867. Publié par ordre de S. Exc. le Ministre secrétaire d'Etat de la marine et des colonies. Paris, 1867, 2 forts vol. in-18. 9 fr.

MANUEL du marin fusilier, publié par ordre de S. Exc. le Ministre de la marine et des colonies. 5e édit. Paris, 1875, in-18. 4 fr.

MANUEL du matelot-canonnier, publié par ordre de S. Exc. le Ministre de la marine et des colonies. 7e édit. Paris, 1875, in-18. 4 fr.

MANUEL du pilote-côtier, par Ch. Kerros, lieutenant de vaisseau. Paris, 1869, 1 vol. in-18 relié en parch. 4 fr.

MANUEL du matelot-timonier, publié par ordre de S. Exc. le Ministre de la marine et des colonies. 7e édit. Paris, 1875, in-18 relié en toile avec planches coloriées, et grand nombre de figures dans le texte. 3 fr.

MANUEL de télégraphie électrique (Ministère de la marine et des colonies). Paris, 1875, in-16 avec planches. 1 fr.

MARINE marchande en Angleterre. — Précis des actes de 1854, 1855 et 1862, sur la marine marchande en Angleterre, annoté des dispositions correspondantes de la législation française. Publié par ordre de S. Exc. le Ministre de la marine. Paris, 1867, 1 vol. in-18. 1 fr. 50

MAURY (F.). L. L. D. lieutenant U. S. Navy. — Géographie physique de la mer. Traduit par E. Terquem, professeur d'hydrographie. 2e édition française, revue et complétée sur la dernière édition de la *Géographie physique* de Maury, et publiée avec l'autorisation de l'auteur. Paris, 1861, 1 vol. in-8 avec 1 atlas de 13 planches. 10 fr

MCKAY (Donald). — La Marine des Etats-Unis avant la guerre, et la marine actuelle; traduit par Cavelier de Cuverville, lieutenant de vaisseau. Paris, 1865 brochure in-8. 75 cent.

MÉMOIRE sur la défense et l'armement des côtes, avec plans et instructions approuvés par Napoléon, concernant les batteries de côtes, et suivi d'une notice sur les tours maximiliennes, accompagnée de dessins. Nouv. édit. Paris, 1857, 1 vol. in-8 avec planches. 3 fr. 50

MOIVRE (Ab.). — Systèmes rivaux de navires cuirassés. Paris, 1866, broch. in-8. 1 fr.

MORHANGE (de). — Le radeau à vapeur à bouclier Coles, avec une figure du modèle. Paris, 1863, br. in-8. 1 fr. 50

MORHANGE (de). — Sur les navires cuirassés et sur quelques steamers de la marine anglaise. Br. in-8, 1863. 2 fr. 50

ORDONNANCE du 22 juin 1847 portant règlement sur la solde, les revues, l'administration et la comptabilité des corps de troupes de la marine. Nouv. édit., annotée de toutes les dispositions survenues jusqu'à ce jour et suivie des tarifs de solde. Paris, 1865, in-18. 2 fr.

PAIXHANS (H.-J.). — Expériences faites par la marine française sur une arme nouvelle; changements qui paraissent devoir en résulter dans le système naval, et examen de quelques questions relatives à la marine, à l'artillerie, à l'attaque et à la défense des côtes et des places. Paris, 1825, broch. in-8. 3 fr.

PARIS (l'amiral). — Les navires cuirassés. Mémoire présenté à l'Académie des sciences. Paris, 1864, brochure in-8. 1 fr.

PAULET (J.). — Organisation administrative de la marine militaire en Russie. Paris, 1862, broch. in-8. 1 fr. 50

POTERAT (le marquis de). — La théorie du navire. Paris, 1826, 2 vol. in-4 avec 5 planches. 30 fr.

POTERAT. — Traité pratique à l'usage des marins, contenant la description des opérations, mouvements et manœuvres qui ont lieu journellement à bord des vaisseaux, ainsi que l'exposition des principes déduits de la théorie, qui peuvent en faciliter et en assurer l'exécution. Paris, 1826, 1 vol. in-8. 4 fr.

RAPPORT sur le système d'armement adopté pour les embarcations dans la marine des Etats-Unis, traduit par le capitaine d'artillerie Martin de Brettes, inspecteur des études à l'Ecole polytechnique. Paris, 1855, 1 vol. in-8 avec 11 planches. 3 fr. 50

RAYMOND (Xavier). — Lettres sur la marine militaire à propos de la revue de Spithead. Paris, 1856, 1 volume in-8. 5 fr.

RÈGLEMENT sur le service intérieur à bord des bâtiments de la flotte (24 juin 1870). Paris, 1871, fort volume in-18. 2 fr. 50

RÈGLEMENT général du 1er juillet 1874, sur les transports militaires par chemins de fer (guerre et marine). Paris, 1874, in-8°, avec planches. 2 fr. 50

RÈGLEMENT général sur l'administration des quartiers, sous-quartiers et syndicats maritimes; l'inscription maritime; le recrutement de la flotte; la police de la navigation; les pêches maritimes. Paris, 1867, 1 vol. in-18. 3 fr.

RIVIÈRE (H.).—La marine française sous Louis XV. Paris, 1859, 1 vol. in-8 avec 9 planches. 3 fr.

SIMMONS (T.-F.), capitaine d'artillerie royale anglaise.— Considérations sur les effets de la grosse artillerie employée par les vaisseaux de guerre, et dirigée contre eux, spécialement en ce qui concerne l'emploi des boulets creux et des bombes, trad. par E.-J. Paris, 1846, 1 vol. in-8 avec 3 planches. 7 fr. 50

SIMMONS (T.-F.). — Considérations sur l'armement actuel de notre marine. — Supplément aux considérations sur les effets de la grosse artillerie, employée par les vaisseaux de guerre et dirigée contre eux. Paris, 1846, br. in-8. 3 fr.

TABLE du tir des bouches à feu de l'artillerie navale déduites des expériences de Gâvre, et publiées par ordre du Ministre de la marine. Paris, 1841, broch. in-8. 75 c.

TACTIQUE NAVALE. Extrait comprenant: 1° les instructions générales; 2° les principes pour la chasse; 3° la tactique navale à vapeur et à voiles. Paris, 1857, in-18 avec 166 figures. 3 fr.

TUBERSAC (de). — Nouveau porte-amarre. Paris, 1863, broch. in-8, avec planche. 1 fr. 50

USAGES et routine de la marine des Etats-Unis; traduit par F.-X. Franquet. Paris, 1865, in-8. 2 fr. 50

VAISSEAUX (les) cuirassés anglais Hercules et Monarch. — Les maraudeurs de la mer. Paris, 1867, in-8. 1 fr. 25

WANDEVELDE, capitaine de marine. — Rapport de la commission des torpilles assemblée à Brielle, pour faire des expériences sur le passage des bateaux au-dessus des torpilles; traduit du néerlandais par W. Kamps. Paris, 1869, broch. in-8 avec planche. 1 fr. 50

WELLES. — La marine des Etats-Unis. Rapport de M. Welles, secrétaire au département de la marine, adressé au président Johnson. Traduit de l'anglais par Cavelier de Cuverville, lieutenant de vaisseau. Paris, 1867, in-8. 3 fr. 50

ZÉNI et DESHAYS, officiers supérieurs de d'artillerie de la marine française. — Renseignements sur le matériel de l'artillerie navale de la Grande-Bretagne et les fabrications qui s'y rattachent, recueillis en 1833, publié avec l'agrément du Ministre de la marine et des colonies. Paris, 1840 1 vol. in-4 avec atlas in-fol. 30 fr.

Paris.— Impr. de J. Dumaine, rue Christine, 2.

www.ingramcontent.com/pod-product-compliance
Lightning Source LLC
Chambersburg PA
CBHW060539210326
41519CB00014B/3277